Caluromy philander
Foto: Paola S. da Mata

Guia dos Marsupiais do Brasil

Guia de identificação com base em caracteres morfológicos externos e cranianos

M. B. Faria[1], R. O. Lanes[1,2], C. R. Bonvicino[3]

1 Universidade do Estado de Minas Gerais.
Museu de Zoologia da Zona da Mata Mineira
2 Pós-graduação em Genética, UFRJ
3 Instituto Nacional de Câncer e IOC, Fiocruz

Agradecemos a Sociedade Brasileira de Mastozoologia - SBMZ pelo apoio.

1ª Edição
ISBN 978-85-53082-14-8

Autores
Michel Barros Faria · michelfaria@yahoo.com.br
Rayque de Oliveira Lanes · rayqueolanes@gmail.com
Cibele Rodrigues Bonvicino · cibele.bonvicino@gmail.com

Revisão
Marcus Vinicius Brandão de Oliveira

Diagramação e Capa
Cia Das Ideias

Ficha catalográfica elaborada por
Liliane Castro – Bibliotecária CRB-8/6748

F224g Faria, Michel Barros
Guia dos marsupiais do Brasil: guia de identificação com base em caracteres morfológicos externos e cranianos / Michel Barros Faria; Rayque de Oliveira Lanes; Cibele Rodrigues Bonvicino.– 1. ed. - São Caetano do Sul: Amélie Editorial, 2019.
84 p.

ISBN 978-85-53082-14-8.

1. Morfologia (animais). 2. Mamíferos. 2. Marsupial. I. Lanes, Rayque de Oliveira. II. Bonvicino, Cibele Rodrigues. III. Título.

CDD: 599.2
CDU: 599.22

• Sumário

Gracilinanus agilis
Foto: Paola S. da Mata

INTRODUÇÃO

No presente trabalho são listados 15 gêneros e 62 espécies de marsupiais com ocorrência no Brasil. As espécies são caracterizadas pelas dimensões externas, coloração e tipo de pelagem. O tamanho do corpo foi considerado como pequeno, médio e grande, e delimitado pelas medidas corporais externas e massa corporal, fornecidas nas tabelas. As medidas estão reportadas em milímetros, compiladas a partir de publicações ou pela consulta direta às etiquetas de espécimes depositados em coleções zoológicas: comprimento total (CT) ou comprimento cabeça-corpo (CC), comprimento da cauda (CA), e massa corporal em gramas (MC).

Para cada medida está reportado o número de espécimes examinados (n), a média e, entre parênteses, o intervalo de variação (valores mínimos e máximos). Foram incluídos somente indivíduos adultos. As estruturas cranianas citadas no texto estão ilustradas na Figura 1. A fórmula dentária dos marsupiais é: I 5/4, C 1/1, PM 3/3, M 4/4, totalizando 50 dentes.

Hábitos resumem o modo de vida e são classificados em: (1) **terrestre**, (2) **arborícola**, (3) **fossorial** ou **semifossorial**, e (4) **aquático** ou **semiaquático**. *Habitat* resume a ocorrência em relação aos domínios morfoclimáticos e formações vegetais do Brasil. *Informações cranianas* referem-se a caracteres diagnósticos para a espécie em questão, retiradas de Lange & Jablonski (1998), Voss & Jansa (2009), Rossi *et al.* (2012), Pine *et al.* (2013), Voss *et al.* (2013), Pavan *et al.* (2014), Semedo *et al.* (2015), Díaz-Nieto & Voss (2016), Pavan *et al.* (2017), Solari (2017), Voss *et al.* (2018), Bezerra *et al.* (2019), Pavan (2019), Silva *et al.* (2019) e Voss *et al.* (2019). *Marsúpio e mamas* são caracteres importantes e variáveis em marsupiais e, também são informados neste guia. *Distribuição* refere-se à distribuição geográfica em território nacional pelos estados da federação. Os mapas mostram as áreas de distribuição aproximada de cada espécie, que foram delimitadas unindo-se os pontos empíricos mais externos.

A classificação segue Gardner (2008) e Voss & Jansa (2009), exceto quando revisões mais recentes estiverem disponíveis. Este guia destina-se a profissionais que nem sempre são familiarizados com a taxonomia dos marsupiais sul-americanos, e, desta forma, é relevante enfatizar que a classificação do grupo vem sendo modificada como resultado de revisões e novas descobertas. Como consequência, a diagnose dos gêneros e das espécies poderá ser alterada ao longo dos anos, assim como os limites de distribuição dos táxons aqui considerados.

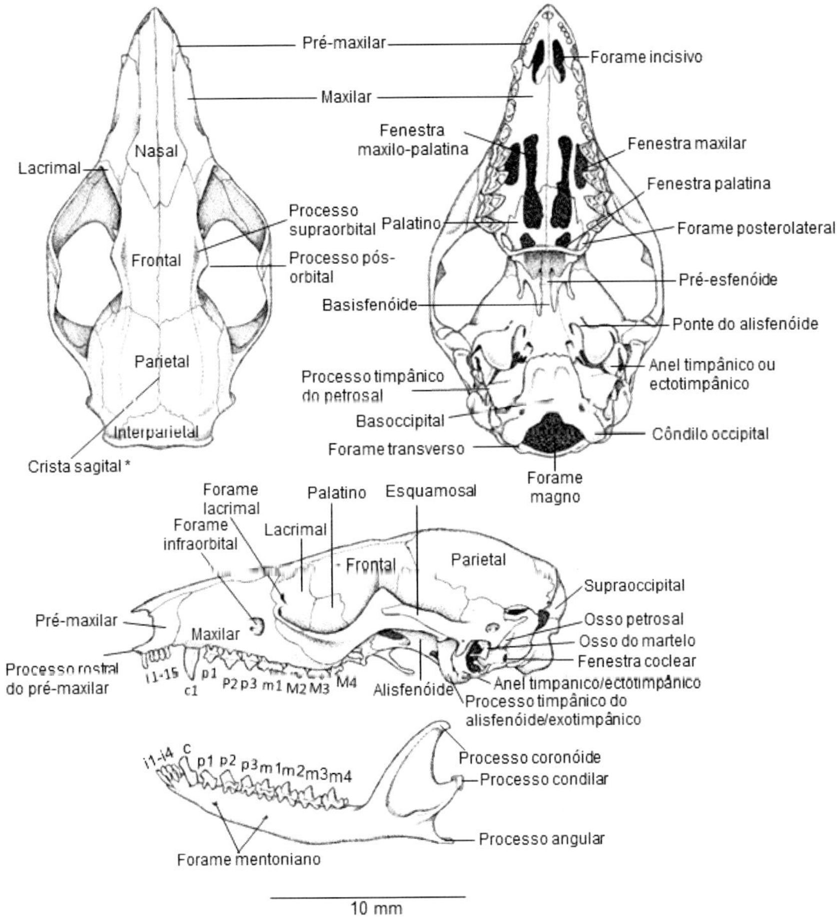

Figura 1. Ilustração do crânio do marsupial didelfídeo *Gracilinanus agilis* (baseado em MVZ 197437), com destaque para as estruturas mencionadas ao longo do texto (Adaptado de Voss & Jansa 2009). * a crista sagital, quando presente, se localiza nessa posição.

CHAVE PARA OS GÊNEROS DA FAMÍLIA DIDELPHIDAE

Essa chave foi baseada em várias publicações (*e.g.*, Rossi *et al.* 2012, Voss & Jansa 2009). Para caracterização dos gêneros foram utilizadas as seguintes dimensões corpóreas e crânio-dentárias: comprimento cabeça-corpo (CC), massa corporal (M), comprimento côndilo-basal, do ponto mais anterior do pré-maxilar até a borda mais posterior do côndilo occipital (CCB), e comprimento da série de molares superiores, da margem anterolabial da coroa do primeiro molar superior, até a margem posterior da coroa do quarto molar superior (CMS).

1.a. Patas posteriores com membranas interdigitais desenvolvidas; pelagem moderadamente curta, fina e densa, com notável impermeabilidade, com faixas transversais negras e alternadas com faixas transversais acinzentadas e unidas por uma linha mediana dorsal. Um único forame lacrimal em cada osso lacrimal; um único forame mentoniano de cada lado da mandíbula. .... ***Chironectes***

1.b. Patas posteriores com membranas interdigitais ausentes; pelagem dorsal variada, mas nunca com faixas transversais. Geralmente, dois forames lacrimais em cada osso lacrimal; dois forames mentonianos de cada lado da mandíbula. 2

2.a. Superfície dorsal da cauda coberta por pelagem longa e macia, desde a base até a ponta; número par de mamas. Faixa rostral esbranquiçada e bem delimitada estendendo-se até a nuca. Processo pós-orbital presente, formado pelos ossos frontal e parietal. ....***Glironia***

2.b. Superfície dorsal da cauda aparentemente nua em, pelo menos, 1 ou 2 centímetros na extremidade distal; faixa rostral esbranquiçada ausente, número variado de mamas. Processo pós-orbital ausente ou presente, formado, exclusivamente, pelo frontal. 3

3.a. Tamanho corporal grande, CC > 245, M > 260, CCB > 55, CMS > 11; com ou sem manchas supraoculares; dedo III da pata anterior maior do que o dedo IV. 4

3.b. Tamanho corporal de pequeno a grande; nunca com manchas supraoculares; dedo III da pata anterior maior, subigual ou pouco menor do que o dedo IV. 7

4.a. Mancha supraoculares presentes; cauda nua e de coloração castanho-acinzentada na base e gradualmente despigmentada em direção à ponta. Processo pós-orbital ausente; osso frontal direito e esquerdo não fusionados (sutura mediana aberta ou visível); crista sagital ausente; fenestra palatina ausente; ponte do alisfenóide presente; osso frontal e osso esquamosal em contato, impedindo o contato do alisfenóide com o parietal. . ...***Metachirus***

4.b. Manchas supraoculares presentes ou ausentes; base da cauda com pelos, porção nua da cauda enegrecida na base, e abruptamente branca em direção à ponta (ocasionalmente apresentam caudas totalmente negras). Processo pós-orbital geralmente presente; osso frontal direito e esquerdo parcialmente fusionados; crista sagital bem desenvolvida, estendendo-se até o frontal; fenestra palatina presente; ossos alisfenóide e parietal em contato, impedindo o contato do frontal com o esquamosal. 5

5.a. Manchas supraoculares presente. .... ***Philander***

5.b. Manchas supraoculares ausentes. 6

6.a. Pelagem dorsal acinzentada ou enegrecida (nunca castanha); pelos guarda muito longos (de aspecto desgrenhado). Ossos maxilar e alisfenóide separados pelo palatino no assoalho da cavidade orbital. .... ***Didelphis***

6.b. Pelagem dorsal de coloração castanha; pelos guarda de tamanho variável, nunca muito longos. Dois foramens lacrimais e crânio achatado. .... ***Lutreolina***

7.a. Comprimento do dedo IV da pata anterior pouco maior que o comprimento do dedo III; processo pós-orbital bem desenvolvido; palato sem fenestras, ou com fenestras maxilopalatinas curtas; forame do canal transverso ausente; processo timpânico do alisfenóide em contato (ou quase) com o processo timpânico do petroso; alvéolo do canino contido no maxilar. P1 vestigial ou ausente; largura do M4 menor que a do M1. 8

7.b. Comprimento do dedo IV da pata anterior subigual ou menor que o comprimento do dedo III. Processo pós-orbital presente ou ausente; palato com fenestras maxilopalatinas longas e outras fenestras podem estar presentes; forame do canal transverso presente (às vezes pequeno); processo timpânico do alisfenóide distintamente separado do processo timpânico do petroso; extremidade anterior do exotimpânico contata, simultaneamente, o martelo e o petroso; alvéolo do canino formado pelo pré-maxilar e maxilar; P1 não vestigial, mas nitidamente menor que P2 e P3; largura do M4 maior do que a do M1.................................9

8.a. Máscara facial avermelhada e faixa rostral mediana presentes; pelagem dorsal sem faixas escuras escapulares; olhos de coloração amarronzada clara. Osso frontal direito e esquerdo não fusionados (sutura mediana aberta ou visível); crista sagital ausente (ou fracamente desenvolvida sobre o interparietal). .... ***Caluromys***

8.b. Pelagem facial uniformemente pálida, sem marca facial; pelagem dorsal com faixas escuras sobre as escápulas; olhos de coloração marrom escuros. Osso frontal direito e esquerdo fusionados posteriormente (sutura mediana visível apenas anteriormente); crista sagital bem desenvolvida, estendendo-se anteriormente até o frontal. .... *Caluromysiops*

9.a. Máscara facial ausente; cauda mais curta que o comprimento cabeça-corpo, não preênsil. Processo pós-orbital ausente ou indistinto; fenestras palatina e maxilar ausentes; processo rostral do pré-maxilar ausente; osso maxilar e osso alisfenóide em contato no assoalho da cavidade orbital. .... *Monodelphis*

9.b. Máscara facial presente (estreita ou inconspícua em algumas espécies); cauda mais longa ou mais curta que o comprimento cabeça-corpo, com ou sem modificações para preensão. Processo pós-orbital presente ou ausente; fenestras palatina e maxilar presentes ou ausentes; processo rostral e do pré-maxilar presente ou ausente; osso maxilar e osso alisfenóide separados pelo palatino no assoalho da cavidade orbital. **10**

10.a. Máscara facial presente ao redor dos olhos. Presença do processo timpânico do alisfenóide; presença de fenestra maxilar. P2 superior ligeiramente maior ou subigual do que o P3. .... **11**

10.b. Máscara facial pouco evidente ou ausente entre os olhos. Ausência do processo timpânico do alisfenóide; ausência de fenestra maxilar. **13**

11.a. Comprimento dos dedos III e IV da pata anterior subiguais; cauda sempre maior que o comprimento cabeça-corpo. Processo rostral presente; fenestra maxilar presente. P2 e P3 subiguais em altura. .... *Gracilinanus*

11.b. Dedo III mais longo que o dedo IV da pata anterior; cauda menor ou maior que o comprimento da cabeça e do corpo. Processo rostral presente ou ausente; fenestra maxilar geralmente ausente, quando presente P2 menor que P3. .... **12**

12.a. Comprimento da cauda maior do que comprimento cabeça-corpo; cauda sem gordura; escamas caudais dispostas em espiral, com três pelos, sendo o central peciolado (muito espesso na porção mediana) e fortemente pigmentado. Processo rostral do pré-maxilar presente; fenestra maxilar ausente; fenestra palatina ausente ou presente e múltipla; forame posterolateral não alcança a margem anterior do M4; canino inferior pré-molariforme, com coroa em forma de lâmina e cúspide acessória. P2 e P3 similares em tamanho. .... *Marmosops*

12.b. Comprimento da cauda maior ou menor do que o comprimento da cabeça-corpo; cauda intumescida pela estocagem de gordura; escamas caudais dispostas em anel, com pelos subiguais em espessura e pigmentação; fenestra maxilar presente; fenestra palatina presente e simples; forame posterolateral alcança, ou ultrapassa a margem anterior do M4; canino não pré-molariforme, com coroa semicônica e sem cúspide acessória. P2 menor que P3. .... ***Thylamys***

13.a. Máscara facial e faixa mediana rostral pouco conspícuas; escamas caudais dispostas em anel, com pelos subiguais em espessura e pigmentação, com comprimento igual a três escamas; processo rostral do pré-maxilar ausente; fenestra palatina presente ou ausente; petroso exposto na superfície lateral da caixa craniana entre a sutura parietal-esquamosal; canino superior geralmente com cúspides acessórias. P3 maior que P2. ......***Cryptonanus***

13.b. Máscara facial conspícua e faixa mediana rostral ausente ou inconspícua; escamas caudais dispostas em espiral e com pelos de comprimento igual a uma escama, ou de forma mista (anular e espiral em um mesmo indivíduo), e com pelos de comprimento igual a três escamas; fenestra palatina ausente; petroso não exposto na superfície lateral da caixa craniana entre a sutura parietal-esquamosal. Canino raramente com cúspides acessórias, P3 igual ou menor que P2 .... **14**

14.a. Tamanho muito pequeno (CC < 95, M < 20g, CCB < 25, SMS < 5); máscara facial bem desenvolvida, estendendo-se até a base da orelha, pelagem do rostro alaranjada, distinta da coloração da pelagem dorsal; mamas 2-0-2=4, sendo duas à direita, nenhuma ao centro e duas à esquerda na região inguinal, escamas caudais dispostas de forma mista (parte em anel e parte em espiral em um mesmo indivíduo), com pelos de comprimento igual a três escamas. Processo pós-orbital ausente; P2 distintamente maior P3. .... ***Hyladelphys***

14.b. Tamanho maior que do gênero anterior; máscara facial conspícua, porém não se estendendo até a base da orelha (com exceção de *M. mexicana*, que não ocorre no Brasil); pelagem do rosto de coloração similar à da pelagem dorsal; mamas pelo menos 3-1-3=7, sendo que uma única mama central está sempre presente; escamas caudais dispostas em espiral, com pelos de comprimento igual a uma escama. Processo pós-orbital presente. P2 e P3 com tamanhos similares. .... ***Marmosa***

• Gênero *Caluromys* J.A. Allen, 1900

Família Didelphidae, Subfamília Caluromyinae Reig *et al.* 1987
Espécies no Brasil: *Caluromys lanatus* e *Caluromys philander*

Caluromys lanatus (Olfers, 1818)

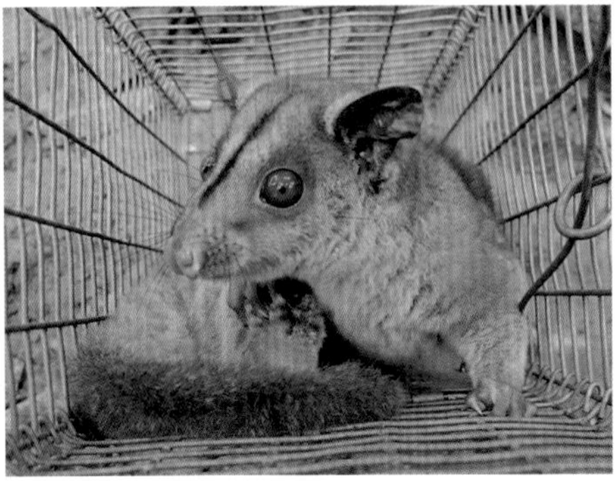

Figura 2. Foto e distribuição geográfica de *Caluromys lanatus* no Brasil (Foto: Michel Faria).

• **Descrição**: tamanho grande, com a cauda maior do que o comprimento cabeça-corpo. Pelagem lanosa, longa e macia. Coloração geral variando do marrom claro ao cinza, dorso variando do castanho-avermelhado a amarelado, incluindo os ombros, com a coloração ventral mais clara. Presença de uma faixa central acinzentada do focinho até a altura das orelhas. Olhos marrons, com uma faixa de pelos de cor marrom-alarajanda ao redor. Orelhas de tamanho médio. Cauda preênsil, peluda em 40-70% da extensão dorsalmente e, 20-35% da extensão da cauda ventralmente. A parte distal da cauda é gradualmente despigmentada em direção à ponta.

• **Medidas**: retiradas de Voss & Jansa (2009).

Táxon	CC (n=8)	CA (n=8)	MC (n=8)
C. lanatus	278 (270-296)	422 (400-446)	412 (349-500)

• **Hábito e habitat**: noturno, solitário, alimenta-se de frutos, néctar, invertebrados e pequenos vertebrados de menor escala. Espécie essencialmente arborícola, preferem locais com vegetação densa, conectada por trepadeiras e ramos finos, ocorrendo, principalmente, nos estratos superiores da floresta, embora eventualmente ocorra no sub-bosque e raramente no solo (Vieira & Camargo 2012). Já foi encontrado nas florestas de Araucária do sul do Brasil (Ribeiro & Vieira 2012).

• **Informações cranianas**: processo rostral do pré-maxilar presente, crista sagital ausente ou fracamente desenvolvida. M1 menor que os demais molares.

• **Marsúpio e mamas**: marsúpio formado por dobras cutâneas laterais separadas, que se abrem medialmente e, normalmente, as fêmeas possuem 4 mamas (Voss & Jansa 2009).

• **Distribuição no Brasil**: Distrito Federal e nos estados do Acre, Goiás, Mato Grosso do Sul, Mato Grosso e Rondônia, e em parte dos estados do Amazonas, Bahia, Minas Gerais, Pará, Paraná, Rio Grande do Sul, Roraima, Santa Catarina, São Paulo e Tocantins (modificado de Cáceres & Carmignotto 2006).

• Gênero *Caluromys* J.A. Allen, 1900

Família Didelphidae, Subfamília Caluromyinae Reig *et al.* 1987
Espécies no Brasil: *Caluromys lanatus* e *Caluromys philander*

Caluromys philander (Linnaeus, 1758)

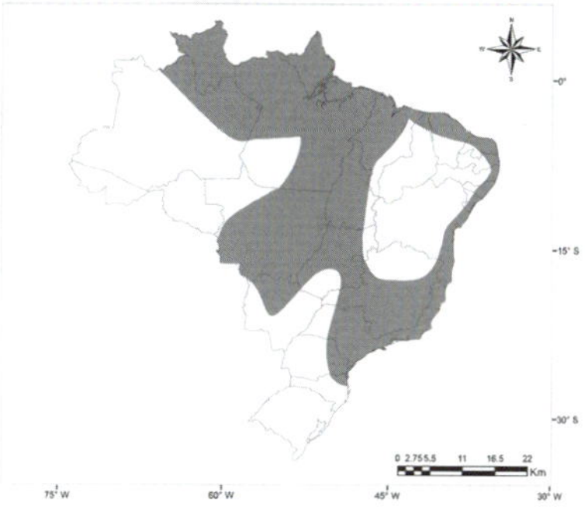

Figura 3. Foto e distribuição geográfica de *Caluromys philander* no Brasil (Foto: Fabio Jacinto).

• **Descrição:** tamanho grande, com a cauda maior do que o comprimento cabeça-corpo. Pelagem fina, longa e macia. Coloração geral variando do marrom claro ao cinza, e coloração ventral de cor creme-alaranjada nas regiões gular e inguinal, na região médio-ventral é alaranjada. Coloração mais acinzentada do focinho à região posterior aos olhos, com uma lista mais escura e bem nítida da ponta do focinho até o topo da cabeça na altura das orelhas. Olhos grandes e chamativos com íris castanho-claro, com uma região periocular de pelos de cor marrom bem claro. Orelhas de coloração pálida e tamanho médio. Cauda preênsil, com pelos, no máximo, no primeiro quarto da região basal, e com a parte distal despigmentada, de cor marrom-avermelhada a acinzentada, com manchas mais claras presentes ou não, escamas caudais bem desenvolvidas e distribuídas em espiral.
• **Medidas:** retiradas de Oliveira (2003).

Táxon	CC (n=9)	CA (n=9)	MC (n=7)
C. philander	196,1 ± 3,02	278,8 ± 7,7	330 (220-390)

• **Hábito e habitat**: noturno, solitário, dieta constituída, preferencialmente, de fruto (70% dos itens consumidos), completada com insetos e pequenos invertebrados, flores e goma (Lessa & Costa 2010). Espécie essencialmente arborícola, preferem locais com vegetação densa, conectada por trepadeiras e ramos finos, ocorrendo, principalmente, nos estratos superiores da floresta, embora eventualmente ocorra no sub-bosque e mesmo no solo (Vieira & Camargo 2012). Habita florestas inundadas, primárias e secundárias da Amazônia, floresta de galeria do Cerrado e Mata Atlântica. Já foi encontrado nas florestas de Araucária do sul do Brasil (Ribeiro & Vieira 2012). A área de vida nas populações do sudeste do Brasil varia de 2,5 a 7 ha (Lira *et al.* 2007)
• **Informações cranianas**: processo pós-orbital bem desenvolvido, região interorbital larga, M3 maior que os demais molares.
• **Marsúpio e mamas**: ausência de uma bolsa, o marsúpio consiste de dobras cutâneas laterais e, normalmente, as fêmeas possuem 4 mamas (Gardner 2008).
• **Distribuição no Brasil**: Distrito Federal e nos estados do Amapá, Espírito Santo, Rio de Janeiro e Roraima, e em parte dos estados de Alagoas, Amazonas, Goiás, Maranhão, Mato Grosso do Sul, Mato Grosso, Minas Gerais, Pará, Paraíba, Paraná, Pernambuco, Santa Catarina, São Paulo, Sergipe e Tocantins (modificado de Gardner 2008, Silva *et al.* 2013).

• Gênero *Caluromysiops* Sanborn, 1951

Família Didelphidae, Subfamília Caluromyinae Reig *et al.* 1987
Espécie no Brasil: *Caluromysiops irrupta*

Caluromysiops irrupta Sanborn, 1951

Figura 4. Distribuição geográfica de *Caluromysiops irrupta* no Brasil (Foto: M.Martins em: Santori *et al.* 2016).

• **Descrição:** tamanho grande, com a cauda maior ou igual ao comprimento cabeça-corpo. Pelagem longa, densa e macia. Coloração geral do dorso castanho-clara, com faixas escuras que se estendem dos membros anteriores aos ombros, sem limite definido com a coloração ventral, que é um pouco mais clara que a dorsal. Coloração da cabeça pálida, sem manchas evidentes. Orelhas de cor laranja-claro, de tamanho curto e nuas. Cauda preênsil, com a parte dorsal coberta pela pelagem corporal até a extremidade, e a parte ventral com pelos apenas no primeiro terço.
• **Medidas:** retiradas de Voss & Jansa (2009).

Táxon	CC (n=1)	CA (n=1)	MC (n=1)
C. irrupta	260	310	496

• **Hábito e hábitat:** noturno, solitário, dieta provavelmente constituída de néctar (Mendes-Oliveira *et al.* 2015). Espécie essencialmente arborícola, preferem locais com vegetação densa, conectada por trepadeiras e ramos finos, ocorrendo, principalmente, nos estratos superiores da floresta, embora, eventualmente, ocorra no sub-bosque e no solo (Vieira & Camargo 2012).
• **Informações cranianas:** crista sagital presente e bem desenvolvida ao longo do osso parietal, se estendendo até o osso frontal.
• **Marsúpio e mamas:** fêmeas com marsúpio, sem informação para número de mamas (Izor & Pine 1987).
• **Distribuição no Brasil:** no estado do Acre, e em parte dos estados do Amazonas, Mato Grosso e Rondônia (modificado de Barbosa *et al.* 2016, Santori *et al.* 2016).

• Gênero *Chironectes* Illiger, 1811

Família Didelphidae, Subfamília Didelphinae Gray, 1821
Espécie no Brasil: *Chironectes minimus*

Chironectes minimus (Zimmermann, 1780)

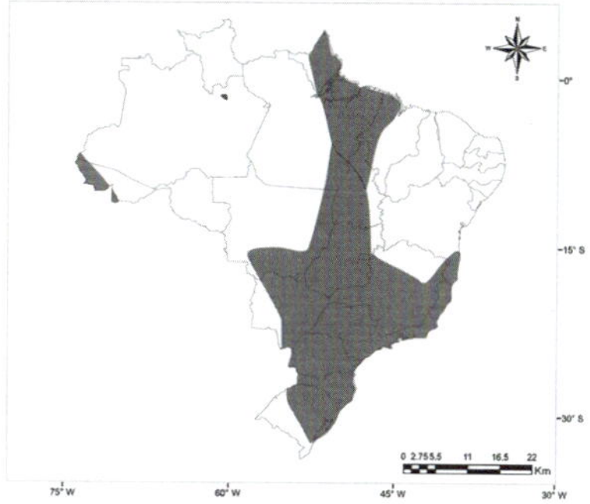

Figura 5. Foto e distribuição geográfica de *Chironectes minimus* no Brasil (Foto: Michel Faria).

• **Descrição:** tamanho grande, com a cauda maior do que o comprimento cabeça-corpo. Pelagem curta, espessa e macia, com pelos oleosos e impermeáveis. A coloração dorsal apresenta uma linha longitudinal cinza escuro na parte central, com limite definido com o ventre branco-amarelado. O dorso possui manchas escuras e claras que se alteram. Apresenta uma faixa branca transversal na região frontal e sobre os olhos, que se estende de uma orelha a outra. Orelhas curtas, nuas, e inteiramente negras. As patas posteriores apresentam grandes membranas interdigitais, com coloração esbranquiçada na superfície. Cauda negra, robusta, não preênsil coberta por escamas "dérmicas", com pelos curtos e grossos, e com sua porção apical branca.

• **Medidas**: retiradas de Voss & Jansa (2009).

Táxon	CC (n=6)	CA (n=6)	MC (n=6)
C. minimus	289 (276-307)	348 (316-362)	605 (520-700)

• **Hábito e habitat:** noturno, solitário, semiaquático e piscívoro, mas pode se alimentar de vegetais e frutas (Hunsaker 1977), e essencialmente terrícola (Vieira & Camargo 2012). Habita ambientes fechados de florestas, próximo a riachos com água limpa e calma na maioria dos biomas brasileiros, exceto a Caatinga. Já foi encontrado nas florestas de Araucária do sul do Brasil (Ribeiro & Vieira 2012). Constrói ninhos em buracos no barranco, as ninhadas possuem de 2 a 5 filhotes, e estes desenvolvem-se mais rápido do que qualquer outro marsupial didelfídeo (Lange & Jablonski 1998).

• **Informações cranianas**: crista sagital bem desenvolvida nos ossos frontal e parietal.

• **Marsúpio e mamas**: presença de uma bolsa rudimentar no macho, que não se fecha totalmente, permitindo que os testículos fiquem depositados dentro dela durante a natação. Nas fêmeas, o marsúpio é bem desenvolvido e se abre como uma fissura longitudinal, regulada por um esfíncter muscular forte que fecha a bolsa quando o animal entra na água, criando, assim, um compartimento selado para carregar os filhotes (Nogueira *et al.* 2004, Nowak & Paradiso 1983). Possui de quatro a cinco mamas (Stein & Patton 2008).

• **Distribuição no Brasil**: Distrito Federal e nos estados do Espírito Santo, Goiás, Paraná, Rio de Janeiro, Santa Catarina e São Paulo, e em parte dos estados do Acre, Amapá, Amazonas, Maranhão, Mato Grosso, Mato Grosso do Sul, Minas Gerais, Pará, Rio Grande do Sul e Tocantins (modificado de Ardente *et al.* 2013, Brandão *et al.* 2015).

• Gênero *Cryptonanus* Voss, Lunde & Jansa 2005

Família Didelphidae, Subfamília Didelphinae Gray, 1821

Espécies no Brasil: *Cryptonanus agricolai, Cryptonanus chacoensis* e *Cryptonanus guahybae*

Cryptonanus agricolai (Moojen, 1943)

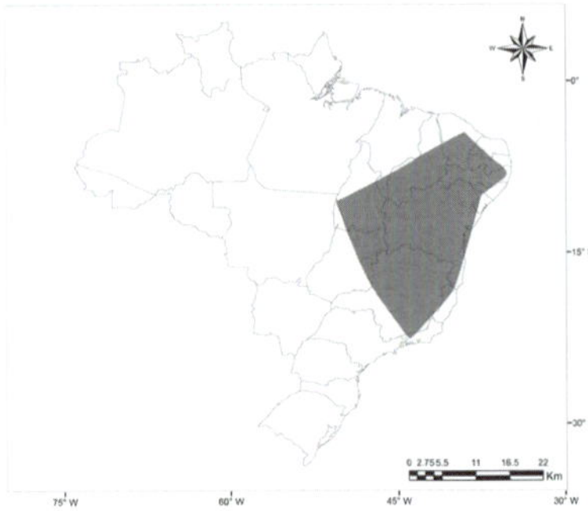

Figura 6. Foto e distribuição geográfica de *Cryptonanus agricolai* no Brasil (Foto: Michel Faria).

• **Descrição**: tamanho pequeno, com a cauda maior ou igual ao comprimento cabeça-corpo. Pelagem curta e macia. Coloração dorsal marrom-acinzentada, com limite bem definido com a coloração ventral homogeneamente branca, ou creme, com pelos de base cinza. Anel estreito de pelos escuros no entorno dos olhos. Orelhas grandes e acinzentadas, desprovidas de pelos. Cauda preênsil coberta por diminutos pelos.

• **Medidas**: presente estudo.

Táxon	CC (n=6)	CA (n=6)	MC (n=8)
C. agricolai	87,83 (74-95)	103,67 (85-117)	18,63 (10-30)

• **Hábito e habitat**: noturno, solitário, insetívoro-onívoro. Prefere habitat com vegetação densa, conectada por trepadeiras e ramos finos, utilizando tanto o solo, quanto o sub-bosque e o sub-dossel/dossel (Vieira & Camargo 2012). Habita ambientes da Mata Atlântica, Cerrado (Cerradão, floresta estacional decidual, vereda) (Bonvicino *et al.* 2012, Cáceres *et al.* 2012) e Caatinga.

• **Informações cranianas**: processo rostral do pré-maxilar ausente, fenestra maxilar ausente. Cúspides acessórias do canino geralmente presentes, P3 maior que P2, cíngulo anterior de M3 completo.

• **Marsúpio e mamas**: bolsa ausente.

• **Distribuição no Brasil**: Distrito Federal e em parte dos estados da Bahia, Ceará, Goiás, Mato Grosso do Sul, Minas Gerais, Paraíba, Pernambuco, Piauí, Rio de Janeiro, São Paulo e Tocantins (modificado de Rossi *et al.* 2010, Delciellos *et al.* 2016).

• Gênero *Cryptonanus Voss*, Lunde & Jansa 2005

Família Didelphidae, Subfamília Didelphinae Gray, 1821

Espécies no Brasil: *Cryptonanus agricolai, Cryptonanus chacoensis* e *Cryptonanus guahybae*

Cryptonanus chacoensis (Tate, 1931)

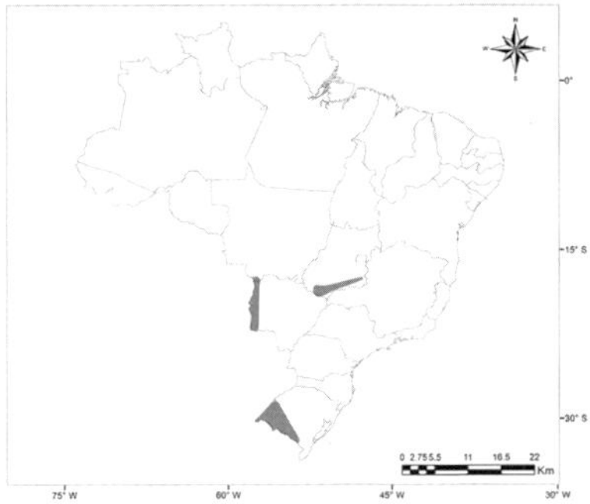

Figura 7. Distribuição geográfica de *Cryptonanus chacoensis* no Brasil.

• **Descrição**: tamanho pequeno, com a cauda maior ou igual ao comprimento cabeça-corpo. Pelagem curta e macia. Coloração dorsal marrom-acinzentada, com limite bem definido com a coloração ventral homogeneamente branca, com pelos de base cinza nas laterais. Anel estreito de pelos escuros no entorno dos olhos. Orelhas acinzentadas e grandes, desprovidas de pelos. Cauda preênsil e coberta por diminutos pelos.

• **Medidas**: presente estudo.

Táxon	CC (n=7)	CA (n=5)	MC (n=7)
C. chacoensis	89,71 (76-125)	115,80 (92-155)	17,57 (12-24)

• **Hábito e habitat**: noturno, solitário, insetívoro-onívoro. Habita ambientes abertos, com gramíneas e frequentemente úmidos, em áreas de Chaco, Pantanal, Pampas e Cerrado, brejos e prados sazonalmente inundados, podendo chegar próximo a habitação humana, na interface entre floresta úmida secundária e agricultura, sugerindo capacidade de tolerar a proximidade dos seres humanos (Smith 2009).

• **Informações cranianas**: processo rostral do pré-maxilar ausente, fenestra maxilar ausente. Cúspides acessórias do canino geralmente presentes, P3 maior que P2, cíngulo anterior de M3 incompleto.

• **Marsúpio e mamas**: bolsa ausente e, normalmente, as fêmeas possuem 9 mamas, sendo todas abdominais-inguinais (Voss *et al.* 2005).

• **Distribuição no Brasil**: em parte dos estados de Goiás, Mato Grosso, Mato Grosso do Sul e Rio Grande do Sul (modificado de Rossi *et al.* 2010).

• Gênero *Cryptonanus* Voss, Lunde & Jansa 2005

Família Didelphidae, Subfamília Didelphinae Gray, 1821
Espécies no Brasil: *Cryptonanus agricolai, Cryptonanus chacoensis* e *Cryptonanus guahybae*

Cryptonanus guahybae (Tate, 1931)

Figura 8. Foto e distribuição geográfica de *Cryptonanus guahybae* no Brasil (Foto: Maury Abreu).

• **Descrição:** tamanho pequeno, com a cauda maior do que o comprimento cabeça-corpo. Pelagem curta e macia. Coloração dorsal marrom-acinzentada, com limite bem definido com a coloração ventral homogeneamente creme, com pelos de base cinza. Anel estreito de pelos escuros no entorno dos olhos. Orelhas acinzentadas e grandes, desprovidas de pelos. Cauda preênsil coberta por diminutos pelos.
• **Medidas:** retiradas de Voss *et al.* (2005) [a], presente estudo [b].

Táxon	CC (n=2)	CA (n=2)	MC (n=18)
C. guahybae	77[b] - 92[a]	113[a] -116[b]	18 (14-25)

• **Hábito e habitat:** noturno, solitário, insetívoro-onívoro. Habita formações florestais originais no Rio Grande do Sul (matas de restinga), ocupando a borda e o interior da mata arenosa ciliar e o interior e clareiras da mata palustre, utilizando o solo e o sub-bosque (Quintela *et al.* 2011)

• **Informações cranianas:** processo rostral do pré-maxilar ausente, fenestra maxilar ausente. Cúspides acessórias do canino geralmente presentes, P3 maior que P2, cíngulo anterior de M3 completo.
• **Marsúpio e mamas:** bolsa ausente e, normalmente, as fêmeas possuem 15 mamas, incluindo duas ou três mamas peitorais (Voss & Jansa 2009).

• **Distribuição no Brasil:** em parte dos estados do Paraná, Rio Grande do Sul e Santa Catarina (modificado de Rossi *et al.* 2010, Dias *et al.* 2015).

• Gênero *Didelphis* Linnaeus, 1758

Família Didelphidae, Subfamília Didelphinae Gray, 1821
Espécies no Brasil: *Didelphis albiventris, Didelphis aurita, Didelphis imperfecta* e *Didelphis marsupialis*

Didelphis albiventris Lund, 1840

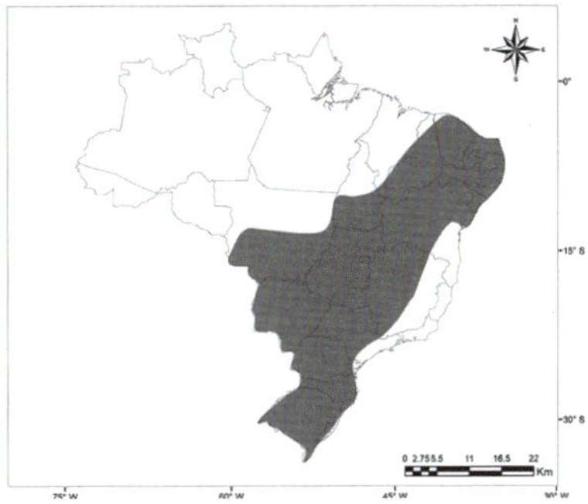

Figura 9. Foto e distribuição geográfica de *Didelphis albiventris* no Brasil (Foto: Paola S. da Mata).

• **Descrição:** tamanho grande, com a cauda maior, ou igual ao comprimento cabeça-corpo. Pelagem pouco áspera. Coloração geral grisalha, com pelos brancos misturados (pode haver variação), sem limite definido com o ventre creme. Coloração facial branca, com três faixas negras, duas sobre os olhos e uma na fronte, dos olhos até o topo da cabeça. Orelhas grandes, nuas, cinza clara na metade basal e branca na região apical. Cauda preênsil, revestida de pelos na parte basal (de 1/4 a 1/6 do comprimento total), com a parte distal gradualmente despigmentada em direção à ponta.

• **Medidas:** presente estudo.

Táxon	CC (n=16)	CA (n=16)	MC (n=16)
D. albiventris	369 (270-720)	320 (275-385)	829 (550-1400)

• **Hábito e habitat:** noturno, solitário, onívoro, incluindo em sua dieta pequenos vertebrados, como roedores e aves e insetos, caranguejos e frutos. Pode utilizar o solo, o sub-bosque, e o sub-dossel/dossel (Vieira & Camargo 2012). Ocorre em formações abertas e florestais da Caatinga, Cerrado e Pantanal, e apresenta grande plasticidade ecológica, se adaptando facilmente à ambientes antropizados, incluindo zona rural e urbana. Já foi encontrado nas florestas de Araucária do sul do Brasil (Ribeiro & Vieira 2012). Trata-se de uma espécie amplamente distribuída, que ocorre em vegetação conservada e alterada, sendo comum (fácil de capturar), mas não abundante (Bonvicino *et al.* 2002).

• **Informações cranianas:** P3 relativamente pequeno, com sulco profundo na região pós-labial da coroa.

• **Marsúpio e mamas:** bolsa bem desenvolvida, papilas mamárias em forma de "U", em número de 11, dispostas aos pares, com exceção de uma, que se localiza centralmente (Samoto *et al.* 2006).

• **Distribuição no Brasil:** Distrito Federal, e nos estados de Alagoas, Goiás, Mato Grosso do Sul, Paraíba, Pernambuco, Rio Grande do Norte e Sergipe, e em parte dos estados de Bahia, Ceará, Mato Grosso, Maranhão, Minas Gerais, Piauí, Paraná, São Paulo, Santa Catarina, Rio Grande do Sul e Tocantins (modificado de Cerqueira & Tribe 2008, Rossi *et al.* 2010, Melo & Sponchiado 2012, Brandão *et al.* 2015).

• Gênero *Didelphis* Linnaeus, 1758

Família Didelphidae, Subfamília Didelphinae Gray, 1821

Espécies no Brasil: *Didelphis albiventris, Didelphis aurita, Didelphis imperfecta* e *Didelphis marsupialis*

Didelphis aurita Wied Neuwied, *1826*

Figura 10. Foto e distribuição geográfica de *Didelphis aurita* no Brasil (Foto: Daniel Ferraz).

• **Descrição**: tamanho grande, com a cauda maior, ou igual, ao comprimento cabeça-corpo. Pelagem de textura áspera. Coloração dorsal pode ser negra ou grisalha, e coloração ventral creme-amarelada. Coloração facial esbranquiçada, com manchas negras sobre a fronte e em cada olho. Orelhas grandes, nuas e negras. Cauda preênsil, revestida de pelos na parte basal (1/4 a 1/6 do comprimento total), e o restante da cauda pode apresentar cor branco-amarelada, gradualmente despigmentada em direção à ponta.

• **Medidas**: presente estudo.

Táxon	CC (n=8)	CA (n=8)	MC (n=8)
D. aurita	427 (275-498)	412 (315-477)	924 (500-1240)

• **Hábito e habitat**: noturno, solitário, onívoro, incluindo em sua dieta pequenos vertebrados, frutos e invertebrados (Raíces & Bergallo 2012). Pode utilizar o solo, o sub-bosque e o sub-dossel/dossel (Vieira & Camargo 2012). É uma espécie com ampla distribuição, ocorrendo em vegetação conservada e alterada, sendo comum e abundante (Bonvicino *et al.* 2002) em sua área de ocorrência. Apresenta grande plasticidade ecológica, se adaptando facilmente ao ambiente modificado pelo homem, incluindo zona rural e urbana da Mata Atlântica. Já foi encontrada nas florestas de Araucária do sul do Brasil (Ribeiro & Vieira 2012).

• **Informações cranianas**: P3 robusto e arredondado, com sulco pouco desenvolvido ou ausente na região póstero-labial da coroa.

• **Marsúpio e mamas**: bolsa bem desenvolvida, abrindo anteriormente, com 11 a 13 mamas (Cerqueira & Tribe 2008).

• **Distribuição no Brasil**: nos estados do Espírito Santo, Paraná, Rio de Janeiro e Santa Catarina, e em parte dos estados de Alagoas, Bahia, Mato Grosso do Sul, Minas Gerais, Paraíba, Pernambuco, Rio Grande do Sul, São Paulo e Sergipe (modificado de Cerqueira & Tribe 2008).

• Gênero *Didelphis* Linnaeus, 1758

Família Didelphidae, Subfamília Didelphinae Gray, 1821
Espécies no Brasil: *Didelphis albiventris, Didelphis aurita, Didelphis imperfecta* e *Didelphis marsupialis*

Didelphis imperfecta Mondolfi & Pérez Hernández, 1984

Figura 11. Foto e distribuição geográfica de *Didelphis imperfecta* no Brasil (Foto: Paola S. da Mata).

• **Descrição**: tamanho grande, com a cauda maior ou igual ao comprimento cabeça-corpo. Pelagem de textura áspera. Coloração dorsal variando de preta a grisalha, e coloração ventral creme-amarelada. Coloração facial branca, com três faixas negras (duas sobre os olhos e uma na fronte indo dos olhos ao topo da cabeça). Orelhas grandes e de coloração negra na parte inferior, e branca em 1/4 da parte apical. Cauda preênsil, revestida de pelos pretos na parte basal (de 1/4 a 1/6 do comprimento), e com coloração branca na parte distal.
• **Medidas**: presente estudo.

Táxon	CT (n=1)	CA (n=1)	MC (n=1)
D. imperfecta	340	354	720

• **Hábito e habitat**: noturno, solitário, arborícola e terrícola, frugívoro-onívoro. Habita enclaves de campinarana e outras formações vegetais abertas na Amazônia, além de florestas, não sendo comum em sua área de distribuição (Caramaschi *et al.* 2013).
• **Informações cranianas**: P3 relativamente pequeno, com sulco profundo na região póstero-labial da coroa.
• **Marsúpio e mamas**: bolsa bem desenvolvida, abrindo anteriormente. Normalmente as espécies do gênero possuem de 7 a 13 mamas (Voss & Jansa 2009).
• **Distribuição no Brasil**: no estado de Roraima, e em parte dos estados do Amapá, Amazonas e Pará (modificado de Cerqueira & Tribe 2008, Rossi *et al.* 2016, Faria & Melo 2017). Ocorre em simpatria com *D. marsupialis* no Amapá (Silva *et al.* 2013) e no Amazonas (Caramaschi *et al.* 2013).

• Gênero *Didelphis* Linnaeus, 1758

Família Didelphidae, Subfamília Didelphinae Gray, 1821

Espécies no Brasil: *Didelphis albiventris, Didelphis aurita, Didelphis imperfecta* e *Didelphis marsupialis*

Didelphis marsupialis Linnaeus, 1758

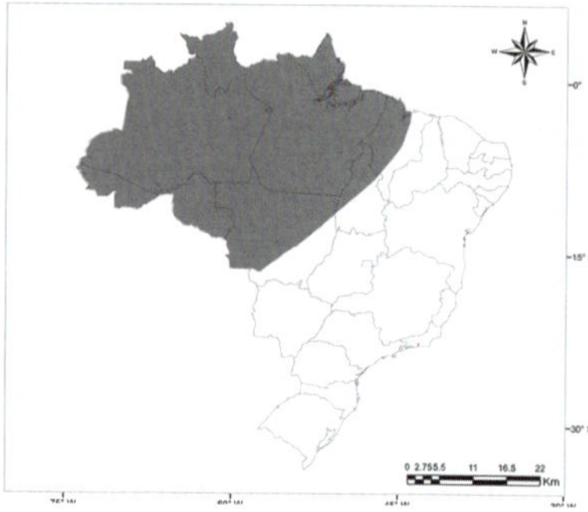

Figura 12. Foto e distribuição geográfica de *Didelphis marsupialis* no Brasil (Foto: Michel Faria).

• **Descrição**: tamanho grande, com a cauda maior, ou igual ao comprimento cabeça-corpo. Pelagem muito áspera. Coloração dorsal grisalho enegrecida e coloração ventral creme-amarelada. Orelhas grandes e completamente negras. Cauda preênsil, revestida de pelos negros na parte basal (de 1/4 a 1/6 do comprimento), com a parte distal gradualmente despigmentada em direção à ponta, até atingir uma cor branco-amarelada.

• **Medidas**: retiradas de Voss & Jansa (2009).

Táxon	CC (n=9)	CA (n=9)	MC (n=9)
D. marsupialis	419 (405-446)	434 (366-497)	1351 (1025-1700)

• **Hábito e habitat**: noturno, solitário, frugívoro-onívoro, incluindo pequenos vertebrados e invertebrados em sua dieta. Ocorre em quase toda Amazônia brasileira, sendo comum em sua área de distribuição, com grande plasticidade ecológica, adaptando-se aos mais variados hábitats, inclusive o peridomicílio. Pode utilizar o solo, o sub-bosque e o sub-dossel/dossel (Vieira & Camargo 2012). *Didelphis marsupialis* é tolerante ao veneno da cascavel *Crotalus durissus* e da jararaca *Bothrops* sp., sendo um predador natural das cobras, incluindo as venenosas (Almeida-Santos *et al.* 2000).

• **Informações cranianas**: P3 robusto e arredondado, com sulco pouco desenvolvido na região póstero-labial da cora.

• **Marsúpio e mamas**: bolsa bem desenvolvida, abrindo anteriormente, normalmente. As fêmeas possuem de 11 a 13 mamas (Cerqueira & Tribe 2008).

• **Distribuição no Brasil**: nos estados do Acre, Amapá, Amazonas, Mato Grosso, Pará, Rondônia e Roraima, e em parte dos estados do Maranhão e Tocantins (modificado de Cerqueira & Tribe 2008).

• Gênero *Glironia* Thomas, 1912

Família Didelphidae, Subfamília Glironiinae Voss & Jansa, 2009
Espécie no Brasil: *Glironia venusta*

Glironia venusta Thomas, 1912

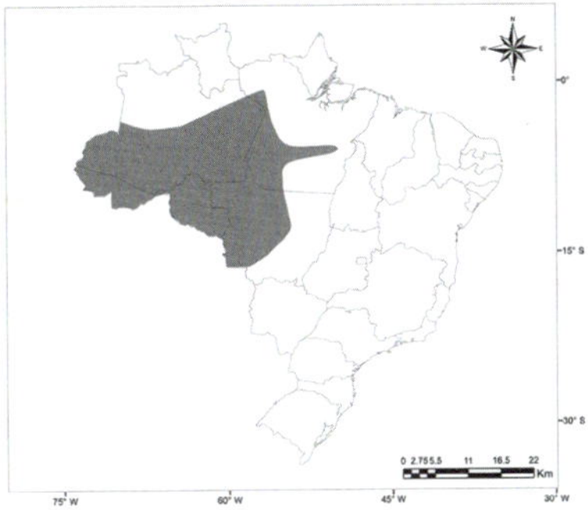

Figura 13. Foto e distribuição geográfica de *Glironia venusta* no Brasil (Foto: Paulo Sérgio Bernarde).

• **Descrição:** tamanho médio, com a cauda de tamanho igual, ou pouco maior que o comprimento cabeça-corpo. Pelagem fina, longa e macia. Coloração dorsal castanho-acinzentado, com limite pouco definido com a coloração ventral, acinzentada ou cinza-esbranquiçada, castanho-acinzentado com uma faixa central também acinzentada. Máscara facial enegrecida da ponta do focinho até pouco depois das orelhas e faixa rostral esbranquiçada e bem delimitada, estendendo-se do focinho à nuca. Orelhas enegrecidas, de tamanho médio. Cauda preênsil, coberta de pelos da base ao ápice, exceto na linha mediana ventral, e superfície dorsal coberta por pelagem longa e macia da base até a ponta.
• **Medidas:** retiradas de Voss & Jansa (2009).

Táxon	CC (n=2)	CA (n=2)	MC (n=2)
G. venusta	194 (188-201)	208 (201-215)	130 (129-130)

• **Hábito e habitat:** noturno, solitário, insetívoro-onívoro-granívoro, com dieta composta por insetos, ovos, sementes e frutos (Mendes-Oliveira *et al.* 2015, Silveira *et al.* 2013). Esta espécie foi observada lambendo os exsudados que se infiltram pelas rachaduras do tronco, também se utilizam de mata na borda de pastagem sugerindo alguma tolerância a ambientes alterados (Silveira *et al.* 2013). Espécie essencialmente arborícola, podendo saltar pequenas distâncias entre um ramo e outro quando estão forrageando, e ocorrem, principalmente, nos estratos superiores da floresta, embora eventualmente utilize o sub-bosque e o solo (Vieira & Camargo 2012). Habita florestas de terra-firme primárias (decídua, secas fechadas e sempre verde) da Amazônia, mas já foi encontrado em um casebre abandonado próximo à floresta secundária margeando um rio (Barkley 2008, Mendes-Oliveira *et al.* 2015).
• **Informações cranianas:** processo pós-orbital presente e formado pelos ossos frontal e parietal.
• **Marsúpio e mamas:** bolsa ausente e 5 mamas, dois pares abdominais ao redor de uma única central (Barkley 2008).
• **Distribuição no Brasil:** nos estados do Acre, Rondônia e parte dos estados do Amazonas, Mato Grosso e Pará (modificado de Ardente *et al.* 2013).

• Gênero *Gracilinanus* Gardner & Creighton, 1989

Família Didelphidae, Subfamília Didelphinae Gray, 1821
Espécies no Brasil: *Gracilinanus agilis, Gracilinanus emiliae, Gracilinanus microtarsus* e *Gracilinanus peruanus*

Gracilinanus agilis (Burmeister, 1854)

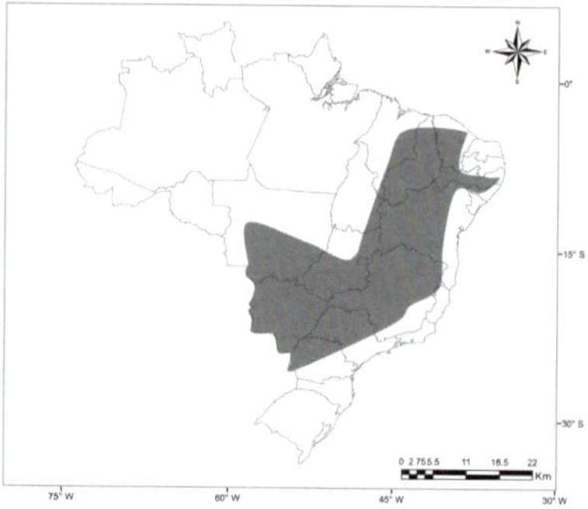

Figura 14. Foto e distribuição geográfica de *Gracilinanus agilis* no Brasil (Foto: Michel Faria).

• **Descrição:** tamanho pequeno, com a cauda um pouco maior, ou muito maior do que o comprimento cabeça-corpo. Coloração dorsal castanho-acinzentada clara, tingida de amarelo, ou laranja, sem limite definido com a coloração ventral creme, com pelos de base cinza, exceto na garganta e no peito, onde são homogeneamente cremes. Rostro levemente mais claro que o dorso. Máscara facial pequena, de cor negra, projetada anteroposteriormente. Cauda preênsil coberta por diminutos pelos incolor.
• **Medidas:** presente estudo.

Táxon	CC (n=60)	CA (n=60)	MC (n=60)
G. agilis	104,02 (82-120)	129,53 (114-145)	29,26 (18-43)

• **Hábito e habitat:** noturno, solitário, com dieta constituída de frutos e artrópodes, principalmente himenópteros e isópteros, podendo ter um alto consumo de formigas e cupins, quando estes estão disponíveis (Lessa & Costa 2010). Prefere locais com vegetação densa, conectada por trepadeiras e ramos finos, utiliza o solo, o sub-bosque e o sub-dossel/dossel (Vieira & Camargo 2012). Habita campo úmido, mata de galeria, mata seca, taquaral no cerrado, cerradão, floresta estacional semidecidual, vereda (Bonvicino *et al.* 2012, Carmignotto 1999, Cáceres *et al.* 2012) e mata de galeria da Caatinga. É uma espécie com ampla distribuição, ocorrendo em vegetação conservada e alterada, sendo comum e abundante (Bonvicino *et al.* 2002).
• **Informações cranianas:** presença do processo timpânico do alisfenóide, fenestra maxilar bem desenvolvida, forame posterolateral geralmente maior, ou igual a fenestra palatina. Cúspides acessórias no canino geralmente ausentes, P2 maior que P3.
• **Marsúpio e mamas:** bolsa ausente, normalmente, as fêmeas possuem 15 mamas (Tate 1933).
• **Distribuição no Brasil:** Distrito Federal e estados do Mato Grosso do Sul e Minas Gerais, e parte dos estados de Alagoas, Bahia, Ceará, Espírito Santo, Goiás, Maranhão, Mato Grosso, Paraíba, Paraná, Pernambuco, Piauí, São Paulo e Tocantins (modificado de Gardner & Creighton 2008, Gurgel-Filho *et al.* 2015, Semedo *et al.* 2015).

• Gênero *Gracilinanus* Gardner & Creighton, 1989

Família Didelphidae, Subfamília Didelphinae Gray, 1821
Espécies no Brasil: *Gracilinanus agilis, Gracilinanus emiliae, Gracilinanus microtarsus* e *Gracilinanus peruanus*

Gracilinanus emiliae (Thomas, 1909)

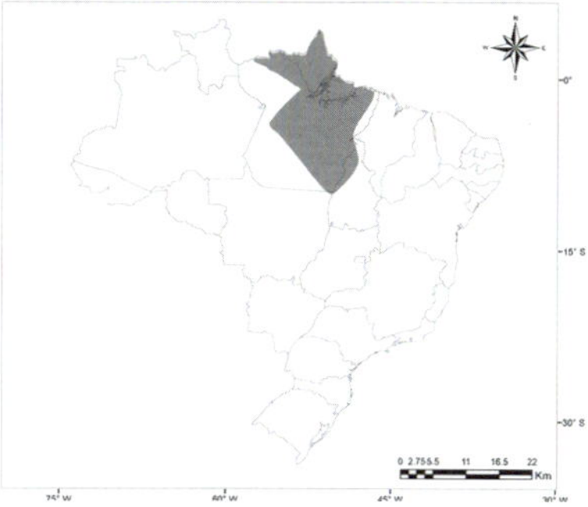

Figura 15. Foto e distribuição geográfica de *Gracilinanus emiliae* no Brasil (Foto: Thiago Gomide).

• **Descrição**: tamanho pequeno, com a cauda um pouco, ou muito maior do que o comprimento cabeça-corpo. Pelagem macia. Coloração dorsal castanho-avermelhada intensa, com limite bem definido com a coloração ventral, totalmente branca. Rostro levemente mais claro (alaranjado) que o dorso. Máscara facial pequena, e escura, ao redor dos olhos. Orelha de tamanho pequeno. Cauda preênsil e coberta por diminutos pelos cobrindo as escamas.
• **Medidas**: retiradas de Diáz *et al.* (2002).

Táxon	CC (n=16)	CA (n=19)	MC (n=11)
G. emiliae	123 (98-154)	111 (178-150)	23 (12-33)

• **Hábito e habitat**: noturno, solitário e insetívoro/onívoro. Espécie essencialmente arborícola, ocorrendo, principalmente, nos estratos superiores da floresta, embora, eventualmente, ocorra no sub-bosque e mesmo no solo (Vieira & Camargo 2012). Habita ambiente florestado das terras baixas da floresta tropical primária e mata de galeria na transição com o Cerrado (Brandão *et al.* 2015).
• **Informações cranianas**: presença do processo timpânico do alisfenóide, fenestra maxilar pouco desenvolvida ou ausente, forame posterolateral menor que a fenestra palatina. Cúspides acessórias no canino geralmente presentes. P2 maior que P3.
• **Marsúpio e mamas**: bolsa ausente, fórmula mamária desconhecida.
• **Distribuição no Brasil**: estado do Amapá, e parte dos estados do Pará e Tocantins (modificado de Brandão *et al.* 2014, Rocha *et al.* 2015).

• Gênero *Gracilinanus* Gardner & Creighton, 1989

Família Didelphidae, Subfamília Didelphinae Gray, 1821

Espécies no Brasil: *Gracilinanus agilis, Gracilinanus emiliae, Gracilinanus microtarsus* e *Gracilinanus peruanus*

Gracilinanus microtarsus (Wagner, 1842)

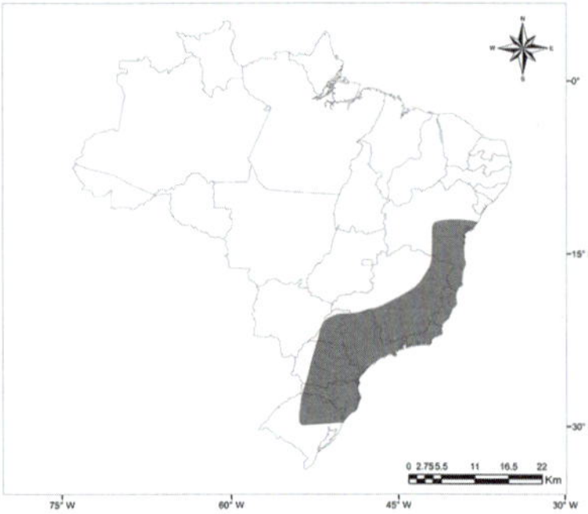

Figura 16. Foto e distribuição geográfica de *Gracilinanus microtarsus* no Brasil (Foto: Ruan Nunes).

• **Descrição**: tamanho pequeno, com a cauda maior do que o comprimento cabeça-corpo. Pelagem fina, longa e macia. Coloração dorsal castanho-acinzentada escura, tingida com laranja ou vermelho, e coloração ventral com pelos de base cinza e ápice creme, inclusive no peito e na garganta. Coloração do rostro mais clara do que a da região dorsal. Máscara facial de pelos escuros ao redor dos olhos ampla, estendendo-se até próximo a orelha. Orelha de tamanho pequeno. Cauda preênsil, coberta por pelos diminutos.

• **Medidas**: presente estudo.

Táxon	CC (n=7)	CA (n=7)	MC (n=7)
G. microtarsus	107 (73-125)	150 (136-171)	30 (25-42)

• **Hábito e habitat**: noturno, solitário e onívoro, incluindo em sua dieta insetos, aranhas, caracóis e frutas, sendo os insetos (principalmente cupins, besouros e formigas) um recurso alimentar frequentemente detectado (Martins *et al.* 2006). Habitam locais com vegetação densa, conectada por trepadeiras e ramos finos, sendo, essencialmente, arborícola, podendo saltar pequenas distâncias entre um ramo e outro quando estão forrageando, ocorrendo, principalmente, nos estratos superiores da floresta, embora possa ocorrer no sub-bosque e no solo (Vieira & Camargo 2012). Já foi encontrado nas florestas de Araucária do sul do Brasil (Ribeiro & Vieira 2012). Constrói ninhos em ocos secos de árvores, em cachos de banana, e mesmo sob cobertura das caixas para criação de abelhas, podendo o ninho ser ocupado por mais de um indivíduo (Lange & Jablonski 1998).

• **Informações cranianas**: presença do processo timpânico do alisfenóide, com fenestra maxilar bem desenvolvida, e forame posterolateral menor que a fenestra palatina. Canino sem cúspides acessórias, P2 maior que P3.

• **Marsúpio e mamas**: bolsa ausente. Normalmente, as fêmeas possuem 15 mamas (Smith 2012).

• **Distribuição no Brasil**: estados do Rio de Janeiro, Espírito Santo e Santa Catarina, e em parte dos estados da Bahia, Minas Gerais, Paraná, Rio Grande do Sul e São Paulo (Modificado de Creighton & Gardner 2008, Loss *et al.* 2111).

• Gênero *Gracilinanus* Gardner & Creighton, 1989

Família Didelphidae, Subfamília Didelphinae Gray, 1821
Espécies no Brasil: *Gracilinanus agilis, Gracilinanus emiliae, Gracilinanus microtarsus* e *Gracilinanus peruanus*

Gracilinanus peruanus (Tate, 1931)

Figura 17. Foto e distribuição geográfica de *Gracilinanus peruanus* no Brasil (Foto: Diego Afonso).

• **Descrição**: tamanho pequeno, com calda maior do que o comprimento cabeça-corpo, pelagem dorsal de cor castanho-avermelhada, curta lisa e opaca, máscara em torno dos olhos geralmente pouco desenvolvida anteroposteriormente, pelagem entre olhos e orelhas geralmente avermelhada, a coloração ventral creme, geralmente com pelos de base cinza, exceto na garganta e no peito, onde são homogeneamente cremes. Cauda ligeiramente bicolor. Orelhas pequenas com pelos creme a creme-laranja na base e marrom-claro distalmente. Cauda preênsil, coberta por pelos diminutos.
• **Medidas**: retiradas de Semedo *et al.* (2015).

Táxon	CC (7)	CA (n=9)	MC (7)
G. peruanus	85-121	130-155	22,8 ± 7,4

• **Hábito e habitat**: noturno, solitário, arborícola, habita floretas primárias e secundárias do Cerrado e da Amazônia.
• **Informações cranianas**: região interorbital lisa, às vezes com margens supraorbitais angulares aos frontais, nunca apresentando processos pós-orbitais conspícuos, posição da fenestra maxilar alinhada anteriormente com o paracone de P3 e posteriormente com o paracone de M1 ou M2, forame palatal póstero-lateral, geralmente menor que a fenestra palatina (Semedo *et al.* 2015).
• **Marsúpio e mamas**: bolsa ausente. Normalmente, as fêmeas possuem 9 mamas na posição 4-1-1 (Semedo *et al.* 2015).
• **Distribuição no Brasil**: estados de Rondônia e noroeste do Mato Grosso (Semedo *et al.* 2015).

• Gênero *Hyladelphys* Voss, Lunde & Simmons, 2001

Família Didelphidae, Subfamília Hyladelphinae Voss & Jansa, 2009
Espécie no Brasil: *Hyladelphys kalinowskii*

Hyladelphys kalinowskii (Hershkovitz, 1992)

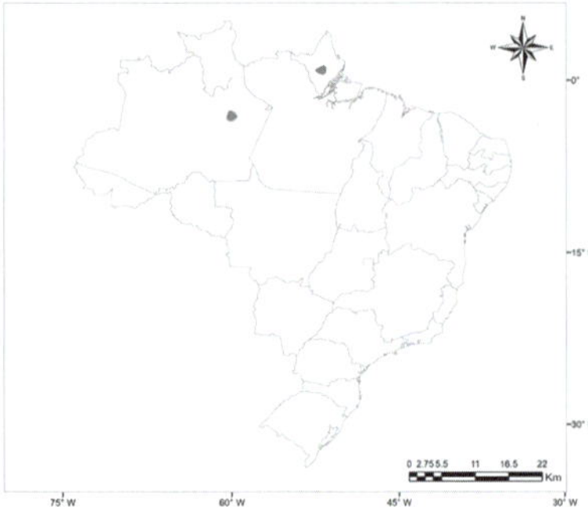

Figura 18. Foto e distribuição geográfica de *Hyladelphys kalinowskii* no Brasil (Foto: Pedro Peloso).

• **Descrição**: tamanho pequeno, com a cauda maior do que o comprimento cabeça-corpo. Pelagem dorsal marrom-avermelhada, com nítida faixa rostral alaranjada e pelagem ventral homogeneamente creme, ou branca. Ampla máscara facial de pelos escuros ao redor dos olhos, do focinho à orelha, contrastando com a pelagem alaranjada. Orelhas de tamanho pequeno. Cauda preênsil.
• **Medidas**: retiradas de Voss & Jansa (2009).

Táxon	CC (n=3)	CA (n=7)	MC (n=7)
H. kalinowskii	77 (76-78)	111 (107-113)	16 (13-18)

• **Hábito e habitat**: noturno, arborícola, mas já foi capturado no solo, sub-bosque, sem dados sobre hábitos alimentares. Habita áreas de floresta de terra-firme e ripária primária, e alterada da Amazônia, e seus ninhos, feitos com folhas secas e pequenos ramos, podem conter de um a vários indivíduos (Mendes-Oliveira *et al.* 2015, Catzeflis 2018).
• **Informações cranianas**: processo rostral do pré-maxilar ausente, fenestras palatinas e maxilares ausentes, região interorbital convergente anteriormente, com cristas supraorbitais arredondadas não proeminentes. P3 permanente pouco maior que metade de P2, pré-molar decíduo pequeno.
• **Marsúpio e mamas**: bolsa ausente. Possui 4 mamas em dois pares abdominais-inguinais (Gardner 2008).
• **Distribuição no Brasil**: parte dos estados do Amazonas e Amapá (Modificado de Gardner 2008, Silva *et al.* 2013).

• Gênero *Lutreolina* Thomas, 1910

Família Didelphidae, Subfamília Didelphinae Gray, 1821
Espécies no Brasil: *Lutreolina crassicaudata*

Lutreolina crassicaudata (Desmarest, 1804)

Figura 19. Foto e distribuição geográfica de *Lutreolina crassicaudata* no Brasil (Foto: Paola S. da Mata).

• **Descrição:** tamanho médio a grande (corpo alongado), com a cauda maior, ou igual ao comprimento cabeça-corpo. Pelagem curta, densa, escura e brilhante. Dorso com coloração variando do alaranjado-escuro ao avermelhado e marrom escuro, com limite definido com o ventre mais claro, amarelado, sendo que no peito a base dos pelos é cinza escuro. Acima da pálpebra, um par de vibrissas pretas de comprimento desigual. Orelhas pequenas, peludas e ovais. Cauda muito grossa, coberta de pelos na região próxima ao corpo.
• **Medidas:** retiradas de Voss & Jansa (2009).

Táxon	CC (n=11)	CA (n=11)	MC (n=1)
L. crassicaudata	295 (241-342)	283 (242-336)	530 (300-800)

• **Hábito e habitat:** noturno (Nowak & Paradiso 1983), com dieta constituída de frutos, vertebrados e invertebrados, tendo, também, comportamento carniceiro, além de, em ambientes urbanos, se alimentar de restos de alimentos humanos (Ramos 2007). Espécie terrícola (Vieira & Camargo 2012), com habilidades para nadar e escalar, eventualmente, subir em árvores. Habita ambientes fechados e abertos próximos a cursos d'água, sendo bastante ágil em ambientas abertos, principalmente em lugares alagadiços ou próximos à cursos d'água dos pampas e parte da Mata Atlântica. Já foi encontrado nas florestas de Araucária do sul do Brasil (Ribeiro & Vieira 2012). Constrói ninhos na grama seca e em cativeiro, pode viver até 3 anos (Nowak & Paradiso 1983).
• **Informações cranianas:** ossos do maxilar e do alisfenóide em contato na região das duas orbitas.
• **Marsúpio e mamas:** a extensão do desenvolvimento do marsúpio pode variar entre indivíduos, possuindo de 9 a 11 mamas (Smith 2008a).
• **Distribuição no Brasil:** estados do Paraná, Rio Grande do Sul, Santa Catarina e São Paulo e parte dos estados de Goiás, Mato Grosso do Sul, Minas Gerais e Rio de Janeiro (Modificado de Stein & Patton 2008).

• Gênero *Marmosa* Gray, Subgênero *Marmosa Gray*, 1821

Família Didelphidae, Subfamília Didelphinae Gray, 1821

Espécies no Brasil: *Marmosa* (*Marmosa*) *lepida, M.* (*Marmosa*) *macrotarsus, M.* (*Marmosa*) *murina* e *M.* (*Marmosa*) *waterhousei*

Marmosa (*Marmosa*) *lepida* (Thomas, 1888)

Figura 20. Distribuição geográfica de *Marmosa (Marmosa) lepida* no Brasil.

• **Descrição**: tamanho pequeno, com a cauda maior do que o comprimento cabeça-corpo. Pelagem lisa. Coloração dorsal castanho-avermelhada e ventre creme-esbranquiçada, sem pelos de base cinza. Pelagem do rostro de coloração semelhante ao do dorso. Máscara facial de pelos escuros conspícua, que não se estende até a base da orelha. Cauda preênsil, coberta de pelos da mesma cor do dorso na parte basal (até 15mm), e nua no restante. Escamas caudais dispostas em forma de espiral.

• **Medidas**: retiradas de Brito & Pozo-Zamora (2015).

Táxon	CC (n=1)	CA (n=1)	MC (n=1)
M. (*Marmosa*) *lepida*	95	136	20

• **Hábito e habitat**: noturno, solitário e insetívoro-onívoro, incluindo invertebrados (insetos) e frutos em sua dieta (Mendes-Oliveira *et al.* 2015). Animal de rara captura. Utiliza, principalmente, o solo e o sub-bosque, ocorrendo, eventualmente, no sub-dossel ou dossel (Vieira & Camargo 2012). Habita, preferencialmente, florestas tropicais úmidas de baixa altitude (Mendes-Oliveira *et al.* 2015).

• **Informações cranianas**: processo rostral do pré-maxilar presente, processo pós-orbital presente, fenestras palatinas ausentes. P2 e P3 com tamanhos semelhantes.

• **Marsúpio e mamas**: bolsa ausente, com 7 mamas funcionais (Gardner & Creighton 2008).

• **Distribuição no Brasil**: estados do Acre, Amapá, e Roraima e parte dos estados do Amazonas e Pará (Modificado de Gardner & Creighton 2008, Guimarães *et al.* 2018).

• Gênero *Marmosa* Gray, Subgênero *Marmosa Gray*, 1821

Família Didelphidae, Subfamília Didelphinae Gray, 1821

Espécies no Brasil: *Marmosa* (*Marmosa*) *lepida*, *M.* (*Marmosa*) *macrotarsus*, *M.* (*Marmosa*) *murina* e *M.* (*Marmosa*) *waterhousei*

Marmosa (*Marmosa*) *macrotarsus* (Wagner, 1842)

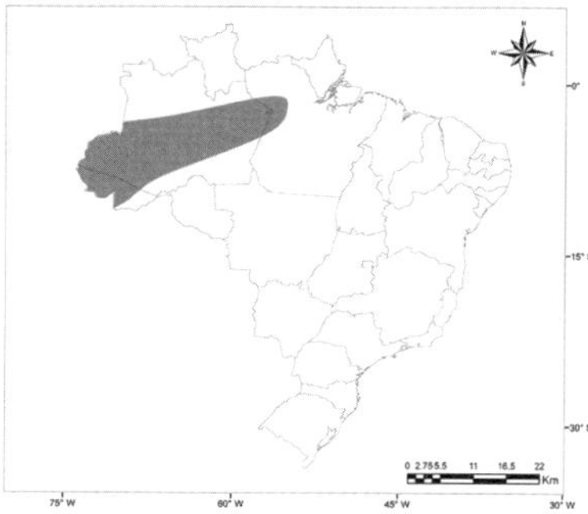

Figura 21. Distribuição geográfica de *Marmosa* (*Marmosa*) *macrotarsus* no Brasil.

• **Descrição**: tamanho pequeno, com a cauda maior do que o comprimento cabeça-corpo. Pelagem lisa. Coloração dorsal castanho-acinzentada e ventre creme, com faixas laterais de pelos de base cinza, geralmente conspícuas e presentes do pescoço ao abdome, e na porção ventral dos membros. Pelagem do rostro de coloração semelhante à do dorso. Máscara facial de pelos escuros conspícua, que não se estende até a base da orelha. Cauda homogeneamente pigmentada, ou com partes despigmentadas no 1/3 final. Sem informações para escamas caudais.

• **Medidas**: retiradas de Brandão *et al.* (2015).

Táxon	CC (n=56)	CA (n=60)	MC
M. (*Marmosa*) *macrotarsus*	90-136	148-206	-

• **Hábito e habitat**: noturno, solitário. Sem informações para hábito, dieta, comportamento e reprodução. Habita, preferencialmente, florestas tropicais úmidas de baixa altitude (Mendes-Oliveira *et al.* 2015).

• **Informações cranianas**: processo rostral do pré-maxilar semelhante à altura do I1, processo pós-orbital desenvolvido e, geralmente, alinhado à constrição pós-orbital, fenestras palatinas ausentes.

• **Marsúpio e mamas**: fêmeas sem marsúpio.

• **Distribuição no Brasil**: parte dos estados do Acre, Amazonas e Pará (Modificado de Brandão *et al.* 2015).

• Gênero *Marmosa* Gray, Subgênero *Marmosa Gray*, 1821

Família Didelphidae, Subfamília Didelphinae Gray, 1821

Espécies no Brasil: *Marmosa* (*Marmosa*) *lepida*, *M.* (*Marmosa*) *macrotarsus*, *M.* (*Marmosa*) *murina* e *M.* (*Marmosa*) *waterhousei*

Marmosa (*Marmosa*) *murina* (Linnaeus, 1758)

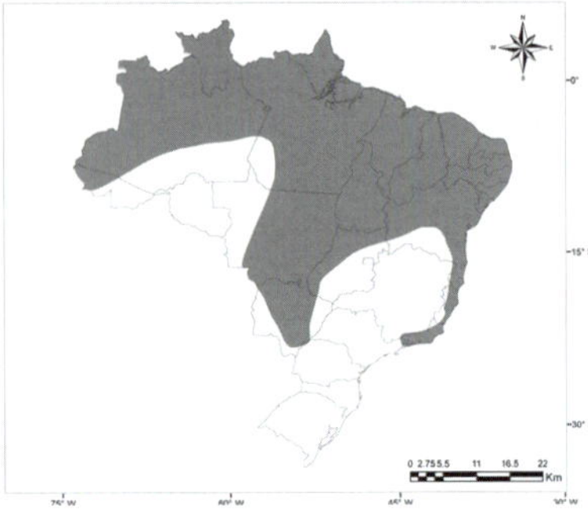

Figura 22. Foto e distribuição geográfica de *Marmosa (Marmosa) murina* no Brasil (Foto: Michel Faria).

• **Descrição**: tamanho pequeno, com a cauda maior do que o comprimento cabeça-corpo. Pelagem macia. Coloração dorsal castanho-acinzentada, e ventral creme com faixas laterais de pelos de base cinza, que nunca se unem no peito e no abdome. Pelagem do rostro de coloração semelhante à do dorso. Máscara facial de pelos escuros conspícua, que não se estende até a base da orelha. Orelha de tamanho pequeno. Cauda preênsil, coberta de pelos da mesma cor do dorso na parte basal (até 15 mm), e nua no restante. Escamas caudais dispostas em forma de espiral.

• **Medidas**: retiradas de Voss & Jansa (2009).

Táxon	CC (n=13)	CA (n=13)	MC (n=13)
M. (*Marmosa*) *murina*	133 (118-152)	173 (156-195)	51 (35-80)

• **Hábito e habitat**: noturno e crepuscular, solitário, com dieta constituída de invertebrados, frutos, flores e néctar (Mendes-Oliveira *et al.* 2015). Utiliza, principalmente, o solo e o sub-bosque, ocorrendo, eventualmente, no sub-dossel ou dossel (Vieira & Camargo 2012). Habita, principalmente, florestas de terra-firme e inundáveis, primárias e secundárias da Amazônia e Mata Atlântica, brejos de altitude no nordeste brasileiro, e parte do Cerrado e Caatinga.

• **Informações cranianas**: processo rostral do pré-maxilar presente, processo pós-orbital presente, fenestras palatinas ausentes. P2 e P3 com tamanhos semelhantes.

• **Marsúpio e mamas**: fêmeas sem marsúpio, possuindo 7 mamas, com uma mama central sempre presente (Voss & Jansa 2009)

• **Distribuição no Brasil**: estados do Alagoas, Amapá, Ceará, Maranhão, Paraíba, Pernambuco, Piauí, Tocantins, Rio Grande do Norte e Sergipe, e parte dos estados do Acre, Amazonas, Bahia, Espírito Santo, Goiás, Mato Grosso do Sul, Mato Grosso, Pará, Rio de Janeiro e São Paulo (Modificado de Gardner & Creighton 2008).

• Gênero *Marmosa* Gray, Subgênero *Marmosa Gray*, 1821

Família Didelphidae, Subfamília Didelphinae Gray, 1821

Espécies no Brasil: *Marmosa* (*Marmosa*) *lepida*, *M.* (*Marmosa*) *macrotarsus*, *M.* (*Marmosa*) *murina* e *M.* (*Marmosa*) *waterhousei*

Marmosa (*Marmosa*) *waterhousei* (Tomes, 1860)

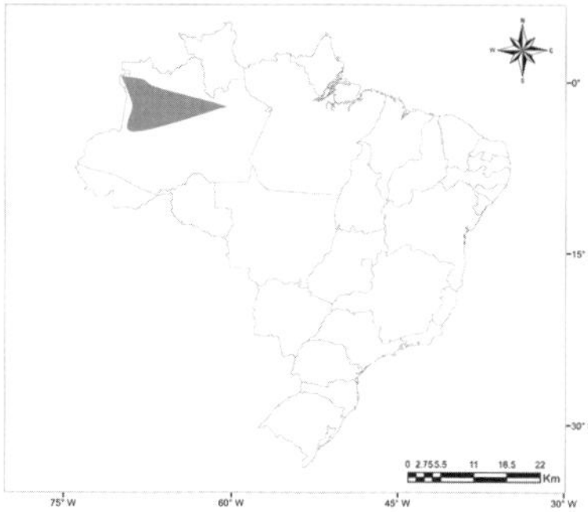

Figura 23. Distribuição geográfica de *Marmosa* (*Marmosa*) *waterhousei* no Brasil.

• **Descrição**: tamanho pequeno, com a cauda maior do que o comprimento cabeça-corpo. Pelagem macia. Coloração dorsal castanho-acinzentada escura e ventral creme, com faixas laterais de pelos de base cinza sempre conspícuas, presentes do pescoço ao abdome, e na porção ventral dos membros. Pelagem do rostro de coloração semelhante à do dorso. Máscara facial de pelos escuros conspícua, que não se estende até a base da orelha. Orelha de tamanho pequeno. Cauda preênsil e homogeneamente pigmentada.

• **Medidas**: retiradas de Gutierréz *et al.* (2011).

Táxon	CC (n=5)	CA (n=6)	MC (n=2)
M. (*Marmosa*) *waterhousei*	137,3 (125-149)	199,2 (172-223)	65 (64-66)

• **Hábito e habitat**: arborícola. Habita florestas úmidas da Amazônia, em altitudes que variam de 50 a 1100 m (Gutierréz *et al.* 2011)

• **Informações cranianas**: processo rostral do pré-maxilar semelhante à altura do I1. Cristas supraorbitais proeminentes, projetadas lateralmente e dorsalmente (Brandão *et al.* 2015).

• **Marsúpio e mamas**: fêmeas sem marsúpio.

• **Distribuição no Brasil**: está restrita a uma pequena faixa no noroeste do estado da Amazônia, ao norte do rio Amazonas e oeste do rio Negro (Modificado de Gutierréz *et al.* 2011, Brandão *et al.* 2015).

• Gênero *Marmosa* Gray, Subgênero *Micoureus* Lesson, 1842

Família Didelphidae, Subfamília Didelphinae Gray, 1821
Espécies no Brasil: *Marmosa (Micoureus) budini, Marmosa (Micoureus) constantiae, Marmosa (Micoureus) demerarae, Marmosa (Micoureus) paraguayana, Marmosa (Micoureus) rutteri*

Marmosa (Micoureus) budini Thomas, 1920

Figura 24. Distribuição geográfica de *Marmosa (Micoureus) budini* no Brasil.

• **Descrição**: possui tamanho pequeno em relação as outras espécies do subgênero *Micoureus*. Pelo dorsal geralmente longo (8-13 mm) e lanoso, com a coloração do dorso variando de marrom-acinzentada a olivácea, e a do ventre creme-amarelada. A máscara facial é bem definida. Cauda amarronzada completamente despigmentada na porção distal, e com pelagem curta em sua base.
• **Medidas**: retiradas de Silva *et al.* (2019).

Táxon	CC (n=14)	CA (n=14)	MC (n=17)
M. (Micoureus) budini	122-221	173-255	56-144

• **Hábito e habitat**: habita áreas do Cerrado, Pantanal, e as florestas do interio da bacia dos rios Parana/Paraiba (Silva *et al.* 2019).
• **Informações cranianas**: margens posteriores de nasais arredondadas ou quadradas, cristas supraorbitais desenvolvidas, apenas projetadas lateralmente, cristas temporais moderadamente convergentes, osso interparietal estreito anteriormente e medialmente, com a região posterior abruptamente se expandindo lateralmente, fenestras palatinas bem desenvolvidas, fenestra coclear exposta em vista ventral (Silva *et al.* 2019).
• **Marsúpio e mamas**: fórmula mamária desconhecida.
• **Distribuição no Brasil**: estado do Mato Grosso do Sul (Silva *et al.* 2019).

• Gênero *Marmosa* Gray, Subgênero *Micoureus* Lesson, 1842

Família Didelphidae, Subfamília Didelphinae Gray, 1821
Espécies no Brasil: *Marmosa* (*Micoureus*) *budini*, *Marmosa* (*Micoureus*) *constantiae*, *Marmosa* (*Micoureus*) *demerarae*, *Marmosa* (*Micoureus*) *paraguayana*, *Marmosa* (*Micoureus*) *rutteri*

Marmosa (*Micoureus*) *constantiae* Thomas, 1904

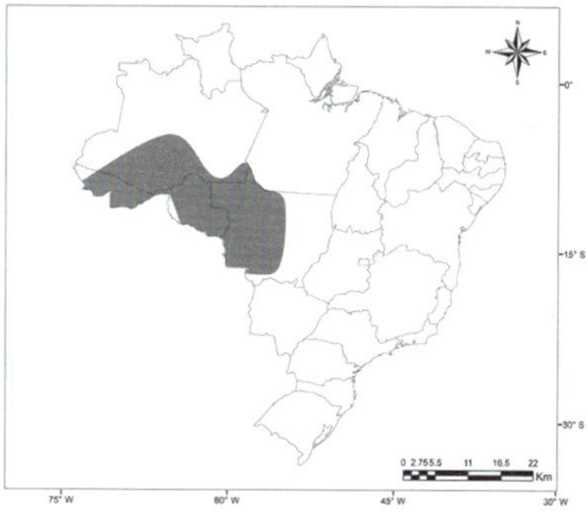

Figura 25. Foto e distribuição geográfica de *Marmosa* (*Micoureus*) *constantiae* no Brasil (Foto: Diego Afonso).

• **Descrição**: tamanho pequeno, com a cauda maior do que o comprimento cabeça-corpo. Pelagem lanosa. Coloração dorsal castanho-acinzentada tingida de amarelo, e ventral amarelada, ou creme-esbranquiçada sem pelos de base cinza. Pelagem do rostro de coloração semelhante ao do dorso. Máscara facial não é bem definida, com pelos escuros conspícua, que não se estende até a base da orelha. Orelha de tamanho pequeno. Cauda preênsil, coberta de pelos da mesma cor do dorso na parte basal (16-58 mm, 33,7 ± 8,3), e nua e escura no restante, com a porção distal despigmentada, de cor clara. Escamas caudais dispostas em forma de espiral.
• **Medidas**: retiradas de Silva *et al.* (2019).

Táxon	CC (n=6)	CA (n=6)	MC (n=4)
M. (*Micoureus*) *constantiae*	131-262	159-297	136

• **Hábito e habitat**: noturno, solitário e onívoro/insetívoro. Espécie arborícola, ocorrendo, principalmente, nos estratos superiores da floresta, embora, eventualmente, ocorra no sub-bosque e mesmo no solo (Vieira & Camargo 2012). Habita Amazônia, Cerrado e Pantanal, em florestas estacional decidual e cerradão (Cáceres *et al.* 2012).
• **Informações cranianas**: processo rostral do pré-maxilar presente, processo pós-orbital presente, fenestras palatinas geralmente ausente. P2 e P3 com tamanhos semelhantes.
• **Marsúpio e mamas**: sem marsúpio. Normalmente, as fêmeas possuem 15 mamas (Smith & Owen 2016).
• **Distribuição no Brasil**: parte dos estados do Acre, Amazonas, Mato Grosso, e Rondônia (Modificado de Silva *et al.* 2019).

• Gênero *Marmosa* Gray, Subgênero *Micoureus* Lesson, 1842

Família Didelphidae, Subfamília Didelphinae Gray, 1821

Espécies no Brasil: *Marmosa* (*Micoureus*) *budini, Marmosa* (*Micoureus*) *constantiae, Marmosa* (*Micoureus*) *demerarae, Marmosa* (*Micoureus*) *paraguayana, Marmosa* (*Micoureus*) *rutteri*

Marmosa (*Micoureus*) *demerarae* Thomas, 1905

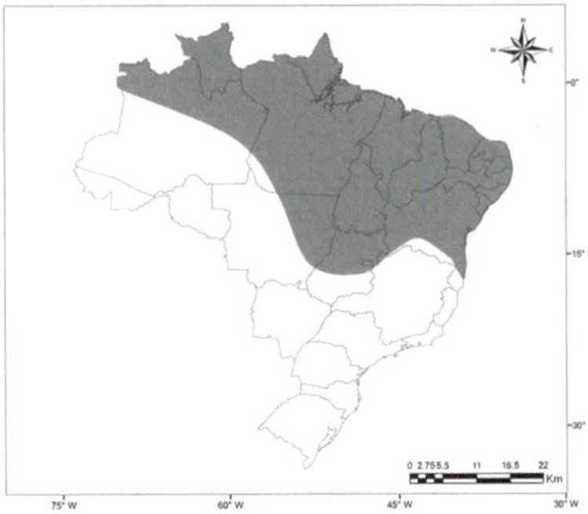

Figura 26. Foto e distribuição geográfica de *Marmosa* (*Micoureus*) *demerarae* no Brasil (Foto: Michel Faria).

• **Descrição**: tamanho pequeno, com a cauda maior do que o comprimento cabeça-corpo. Pelagem lanosa. Coloração dorsal castanho-acinzentada tingida de creme ou amarelo, com ventre amarelado ou creme, e largas faixas de pelos laterais de base cinza, que podem se unir no peito e no abdome. Pelagem do rostro de coloração semelhante à do dorso. Máscara facial de pelos escuros conspícua, que não se estende até a base da orelha. Orelha de tamanho pequeno. Cauda preênsil, coberta de pelos da mesma cor do dorso na parte basal (até 30 mm), e nua no restante, despigmentada na parte distal. Escamas caudais dispostas em forma de espiral.

• **Medidas**: presente estudo.

Táxon	CC (n=23)	CA (n=23)	MC (n=23)
M. (*Micoureus*) *demerarae*	184 (160-220)	223 (131-260)	125 (90-185)

• **Hábito e habitat**: noturno e solitário. Espécie essencialmente arborícola, ocorrendo, principalmente, nos estratos superiores da floresta, embora, eventualmente, utilize o sub-bosque e o solo (Vieira & Camargo 2012). Habita florestas primárias e secundárias na Amazônia, e florestas de galeria do Cerrado.

• **Informações cranianas**: processo rostral do pré-maxilar presente, processo pós-orbital presente e pouco desenvolvido, fenestras palatinas ausentes. P2 e P3 com tamanhos semelhantes.

• **Marsúpio e mamas**: fêmeas sem marsúpio, possuindo 7 mamas com uma mama central sempre presente (Voss & Jansa 2009).

• **Distribuição no Brasil**: estados do Alagoas, Amapá, Ceará, Maranhão, Pará, Paraíba, Pernambuco, Piauí, Roraima, Sergipe e Tocantins, e parte dos estados do Amazonas, Bahia, Goiás e Mato Grosso (Modificado de Silva *et al.* 2019).

• Gênero *Marmosa* Gray, Subgênero *Micoureus Lesson*, 1842

Família Didelphidae, Subfamília Didelphinae Gray, 1821

Espécies no Brasil: *Marmosa* (*Micoureus*) *budini, Marmosa* (*Micoureus*) *constantiae, Marmosa* (*Micoureus*) *demerarae, Marmosa* (*Micoureus*) *paraguayana, Marmosa* (*Micoureus*) *rutteri*

Marmosa (*Micoureus*) *paraguayana* Tate, 1931

Figura 27. Foto e distribuição geográfica de *Marmosa* (*Micoureus*) *paraguayana* no Brasil (Foto: Ariel do Nascimento).

• **Descrição**: tamanho pequeno, com a cauda maior do que o comprimento cabeça-corpo. Pelagem lanosa. Coloração dorsal acinzentada e ventral creme, amarelada ou alaranjada, com pelos de base cinza na maior parte do ventre. Pelagem do rostro de coloração semelhante à do dorso. Máscara facial não é bem definida, com pelos escuros conspícua, que não se estende até a base da orelha. Orelha de tamanho pequeno. Cauda preênsil, coberta de pelos da mesma cor do dorso na parte basal (até 30 mm), e nua e escura no meio, com a porção distal despigmentada, de cor clara. Escamas caudais dispostas em forma de espiral.

• **Medidas**: retiradas de la Sancha *et al.* (2012).

Táxon	CT (n=4)	CA (n=4)	MC (n=4)
M. (*Micoureus*) *paraguayana*	385,2 (352-412)	220,5 (213-235)	90,8 (57-140)

• **Hábito e habitat**: noturno, solitário e insetívoro-onívoro, consumindo grandes quantidades de insetos, um grupo selecionado de frutos e flores, e, raramente, vertebrados (Lessa & Costa 2010). Espécie arborícola, podendo saltar pequenas distâncias entre um ramo e outro quando está forrageando, ocorrendo, principalmente, nos estratos superiores da floresta, embora, eventualmente, utilize o sub-bosque e o solo (Vieira & Camargo 2012). Habita florestas primárias e secundárias da Mata Atlântica. Já foi encontrado nas florestas de Araucária do sul do Brasil (Ribeiro & Vieira 2012). A área de vida varia de 0,8-1,7 ha para as populações do sudeste do Brasil (Lira *et al.* 2007).

• **Informações cranianas**: processo rostral do pré-maxilar presente, processo pós-orbital presente, fenestras palatinas ausentes. P2 e P3 com tamanhos semelhantes.

• **Marsúpio e mamas**: fêmeas sem marsúpio, possuindo 7 mamas, com uma mama central sempre presente (Voss & Jansa 2009).

• **Distribuição no Brasil**: estados do Espírito Santo, Rio de Janeiro e Santa Catarina, e parte dos estados da Bahia, Minas Gerais, Goiás, Paraná, Rio Grande do Sul, e São Paulo (Modificado de la Sancha *et al.* 2012 e Silva *et al.* 2019).

• Gênero *Marmosa* Gray, Subgênero *Micoureus Lesson*, 1842

Família Didelphidae, Subfamília Didelphinae Gray, 1821

Espécies no Brasil: *Marmosa* (*Micoureus*) *budini*, *Marmosa* (*Micoureus*) *constantiae*, *Marmosa* (*Micoureus*) *demerarae*, *Marmosa* (*Micoureus*) *paraguayana*, *Marmosa* (*Micoureus*) *rutteri*

Marmosa (*Micoureus*) *rutteri* Thomas, 1924

Figura 28. Foto e distribuição geográfica de *Marmosa* (*Micoureus*) *rutteri* no Brasil (Foto: Paulo Sérgio Bernarde).

• **Descrição**: tamanho pequeno, com a cauda maior do que o comprimento cabeça-corpo. Pelagem lanosa. Coloração dorsal castanho-acinzentada tingida de laranja, com ventre creme-alaranjado, com faixas laterais de pelos de base cinza. Pelagem do rostro de coloração semelhante à do dorso. Máscara facial de pelos escuros conspícua, que não se estende até a base da orelha. Orelha de tamanho médio. Cauda preênsil, coberta de pelos da mesma cor do dorso na parte basal (até 20 mm), e nua no restante.

• **Medidas**: presente estudo.

Táxon	CC (n=21)	CA (n=21)	MC (n=21)
M. (*Micoureus*) *rutteri*	164 (111-210)	206 (132-267)	112 (50-215)

• **Hábito e habitat**: noturno, solitário e insetívoro-onívoro. Espécie arborícola, ocorrendo, principalmente, nos estratos superiores da floresta, embora possa utilizar o sub-bosque e o solo (Vieira & Camargo 2012). Habita florestas de terra firme e de várzea da Amazônia (Gardner & Creighton 2008).

• **Informações cranianas**: processo rostral do pré-maxilar presente, processo pós-orbital presente, fenestras palatinas ausentes. P2 e P3 com tamanhos semelhantes.

• **Marsúpio e mamas**: fêmeas sem marsúpio, possuindo 7 mamas, com uma mama central sempre presente (Voss & Jansa 2009).

• **Distribuição no Brasil**: parte dos estados do Acre e Amazonas (Gardner & Creighton 2008, Abreu-Junior *et al.* 2016, Silva *et al.* 2019, Voss *et al.* 2019).

• Gênero *Marmosops* Matschie, 1916

Família Didelphidae, Subfamília Didelphinae Gray, 1821
Espécies no Brasil: *Marmosops bishopi, Marmosops caucae, Marmosops incanus, Marmosops noctivagus, Marmosops ocellatus, Marmosops parvidens, Marmosops paulensis* e *Marmosops pinheiroi*

Marmosops bishopi (Pine, 1981)

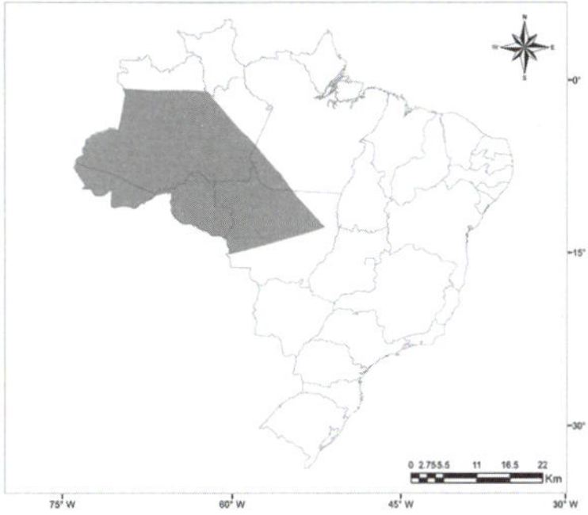

Figura 29. Foto e distribuição geográfica de *Marmosops bishopi* no Brasil (Foto: Pedro Peloso).

• **Descrição**: tamanho pequeno, com a cauda maior do que o comprimento cabeça-corpo. Pelagem fina, curta e macia. Coloração dorsal castanho-acinzentada, tingida com um vermelho-pálido, sem limite definido com a coloração ventral esbranquiçada, com ou sem faixa lateral de pelos de base cinza e ápice branco. Possui anel de pelos escuros circundando os olhos. Orelha de tamanho pequeno. Cauda preênsil, nua, levemente bicolor.
• **Medidas**: presente estudo.

Táxon	CC (n=5)	CA (n=5)	MC (n=4)
M. bishopi	(90-105)	(116-137)	19,25 (12-35)

• **Hábito e habitat**: noturno e solitário. Não há dados sobre a dieta desta espécie. Habita uma grande variedade de florestas da Amazônia, ocupando ambientes arborícolas e terrestres.
• **Informações cranianas**: margem posterior do forame incisivo alinhado ao canino, com forames lacrimais expostos em vista lateral, crista supra orbital ausente, fenestra palatina ausente. Canino com cúspides acessórias posteriormente.
• **Marsúpio e mamas**: fêmeas sem marsúpio, possuindo 9 mamas (Díaz-Nieto & Voss 2016).
• **Distribuição no Brasil**: estados do Acre e Rondônia, e parte dos estados do Amazonas, Mato Grosso e Pará (Díaz-Nieto & Voss 2016).

• Gênero *Marmosops* Matschie, 1916

Família Didelphidae, Subfamília Didelphinae Gray, 1821

Espécies no Brasil: *Marmosops bishopi, Marmosops caucae, Marmosops incanus, Marmosops noctivagus, Marmosops ocellatus, Marmosops parvidens, Marmosops paulensis* e *Marmosops pinheiroi*

Marmosops caucae (Thomas, 1900)

Figura 30. Distribuição geográfica de *Marmosops caucae* no Brasil.

• **Descrição**: tamanho pequeno, com a cauda maior do que o comprimento cabeça-corpo. Pelagem fina e macia. Coloração dorsal castanho-acinzentada com limite bem definido com a coloração ventral creme, com longa faixa lateral de pelos de base cinza e ápice creme que ocupa quase todo o ventre. Possui anel escurecido ao redor dos olhos. Orelha de tamanho médio. Cauda preênsil, nua, uniformemente escura.

• **Medidas**: retiradas de Patton *et al.* (2000).

Táxon	CT (n=2)	CA (n=2)	MC (n=1)
M. caucae	121 (113-129)	157 (145-170)	44

• **Hábito e habitat**: noturno, solitário, sem informação sobre a dieta. Utiliza, principalmente, o solo e o sub-bosque, e ocorre, eventualmente, no sub-dossel ou dossel (Vieira & Camargo 2012). Habita florestas de várzea da Floresta Amazônica.

• **Informações cranianas**: margem posterior do forame incisivo alinhado ao canino, crista supra orbital ausente, um par fenestras palatinas de cada lado do palato. Canino sem cúspides acessórias.

• **Marsúpio e mamas**: marsúpio ausente.

• **Distribuição no Brasil**: parte dos estados do Acre e Amazonas (Modificado de Gardner & Creighton 2008).

• Gênero *Marmosops* Matschie, 1916

Família Didelphidae, Subfamília Didelphinae Gray, 1821

Espécies no Brasil: *Marmosops bishopi, Marmosops caucae, Marmosops incanus, Marmosops noctivagus, Marmosops ocellatus, Marmosops parvidens, Marmosops paulensis* e *Marmosops pinheiroi*

Marmosops incanus (Lund, 1840)

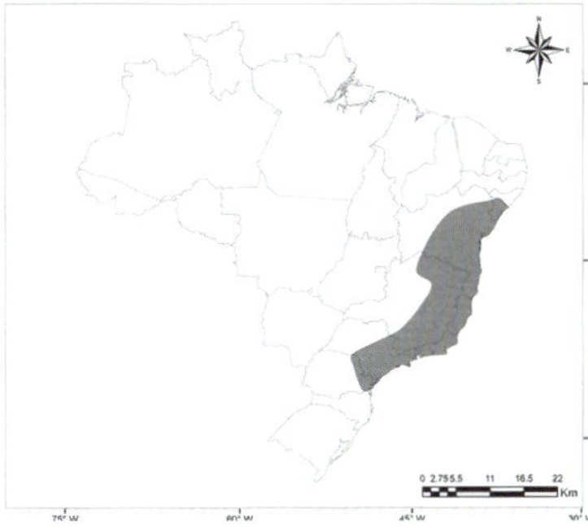

Figura 31. Foto e distribuição geográfica de *Marmosops incanus* no Brasil (Foto: Lizandra Regina Bigai).

• **Descrição**: tamanho pequeno, com a cauda maior do que o comprimento cabeça-corpo. Pelagem fina e macia. Coloração dorsal castanho-acinzentada, sem limite definido com a coloração ventral creme-esbranquiçada, com faixa lateral de pelos de base cinza e ápice branco. Possui anel escurecido bem definidos ao redor dos olhos. Orelha de tamanho pequeno. Cauda preênsil, nua, levemente bicolor, com parte apical esbranquiçada.

• **Medidas**: presente estudo.

Táxon	CT (n=5)	CA (n=5)	MC (n=5)
M. incanus	144 (103-162)	198 (157-225)	67 (41-85)

• **Hábito e habitat**: noturno, solitário, geralmente abundante, e insetívoro-onívoro, com um notável consumo de artrópodes, principalmente himenópteros, mas os frutos também são importantes na sua dieta (Lessa & Costa 2010). Utiliza, principalmente, o solo e o sub-bosque, ocorrendo, eventualmente, no sub-dossel ou dossel, podendo saltar pequenas distâncias entre um ramo e outro quando estão forrageando (Vieira & Camargo 2012). É uma espécie com ampla distribuição, ocorrendo em vegetação conservada e alterada da Mata Atlântica, sendo comum, mas não abundante (Bonvicino *et al.* 2002). Já foi encontrado nas florestas de Araucária do sul do Brasil (Ribeiro & Vieira 2012).

• **Informações cranianas**: margem posterior do forame incisivo alinhada ao canino, forames lacrimais expostos em vista lateral, com crista supra orbital arredondada não proeminente, uma ou mais fenestras palatinas de cada lado do palato. Canino sem cúspides acessórias.

• **Marsúpio e mamas**: marsúpio ausente.

• **Distribuição no Brasil**: estados do Espírito Santo, Rio de Janeiro e Sergipe, e parte dos estados da Bahia, Minas Gerais, Paraná e São Paulo (Modificado de Rocha *et al.* 2012).

• Gênero *Marmosops* Matschie, 1916

Família Didelphidae, Subfamília Didelphinae Gray, 1821

Espécies no Brasil: *Marmosops bishopi, Marmosops caucae, Marmosops incanus, Marmosops noctivagus, Marmosops ocellatus, Marmosops parvidens, Marmosops paulensis* e *Marmosops pinheiroi*

Marmosops noctivagus (Tschudi, 1845)

Figura 32. Foto e distribuição geográfica de *Marmosops noctivagus* no Brasil (Foto: Paulo Sérgio Bernarde).

• **Descrição**: tamanho pequeno, com a cauda maior do que o comprimento cabeça-corpo. Pelagem fina e macia. Coloração dorsal castanho-acinzentada, tingida de laranja com limite bem definido com a coloração ventral creme, sem faixa lateral de pelos de base cinza. Possui anel escurecido ao redor dos olhos. Orelha de tamanho pequeno. Cauda preênsil, nua, unicolor ou levemente bicolor.

• **Medidas**: retiradas de Voss & Jansa (2009).

Táxon	CC (n=3)	CA (n=3)	MC (n=3)
M. noctivagus	138 (118-155)	183 (154-202)	51 (30-70)

• **Hábito e habitat**: noturno, solitário e insetívoro-onívoro. Utiliza, principalmente, o solo e sub-bosque, ocorrendo, eventualmente, no sub-dossel ou dossel (Vieira & Camargo 2012). Habita florestas primárias e secundárias de terra firme da Amazônia.

• **Informações cranianas**: margem posterior do forame incisivo alinhado ao canino, forames lacrimais expostos em vista lateral, crista supra orbital arredondada e não proeminente, geralmente encobrindo a contrição pós-orbital, um par de fenestras palatinas de cada lado do palato. Canino sem cúspides acessórias.

• **Marsúpio e mamas**: marsúpio ausente.

• **Distribuição no Brasil**: estados do Acre e Rondônia, e parte dos estados do Amazonas, Mato Grosso e Pará (Modificado de Díaz-Nieto *et al.* 2016).

• Gênero *Marmosops* Matschie, 1916

Família Didelphidae, Subfamília Didelphinae Gray, 1821

Espécies no Brasil: *Marmosops bishopi, Marmosops caucae, Marmosops incanus, Marmosops noctivagus, Marmosops ocellatus, Marmosops parvidens, Marmosops paulensis* e *Marmosops pinheiroi*

Marmosops ocellatus (Tate, 1931)

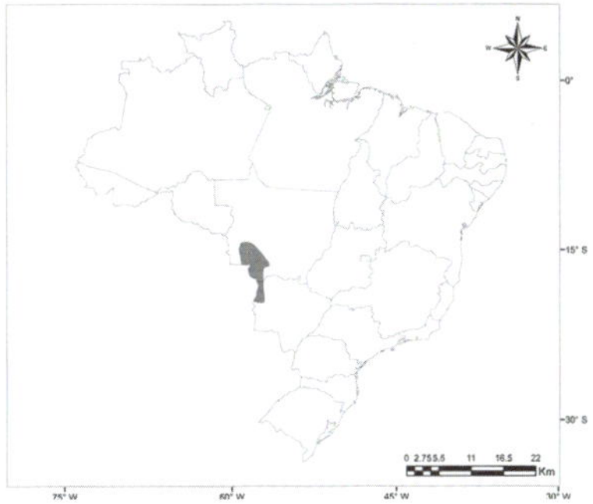

Figura 33. Foto e distribuição geográfica de *Marmosops ocellatus* no Brasil (Foto: Thiago Semedo).

• **Descrição:** tamanho pequeno, com a cauda maior do que o comprimento cabeça-corpo. Pelagem fina e macia. Coloração dorsal castanho-pálida, ou acinzentada clara, com limite bem definido com a coloração ventral creme, com ou sem faixa lateral de pelos de base cinza. Possui anel escurecido ao redor dos olhos. Orelhas de tamanho pequeno. Cauda preênsil, nua, discretamente bicolor, com parte apical esbranquiçada.

• **Medidas:** retiradas de Voss *et al.* (2004).

Táxon	CC (n=15)	CA (n=15)	MC (n=15)
M. ocellatus	124,60 (104-175)	160 (136-186)	34,73 (23-59)

• **Hábito e habitat:** noturno, solitário, sem dados sobre a dieta. Habita o sub-bosque de florestas semidecíduas e decíduas, utilizando também o solo na região pantaneira. No Cerrado e Pantanal ocorre na floresta estacional semidecidual (Cáceres *et al.* 2012).

• **Informações cranianas:** margem posterior do forame incisivo alinhada ao canino, forames lacrimais parcialmente expostos em vista lateral, com crista supra orbital ausente, um par de fenestras palatinas de cada lado do palato. Caninos sem cúspides acessórias.

• **Marsúpio e mamas:** fêmeas sem marsúpio. Normalmente, as fêmeas possuem 13 mamas, sendo 9 abdominal-inguinal e 2 pares peitorais (Gardner & Creighton 2008).

• **Distribuição no Brasil:** parte dos estados do Acre, Mato Grosso e Mato Grosso do Sul (Modificado de Semedo *et al.* 2013, e dados aqui reportados).

• Gênero *Marmosops* Matschie, 1916

Família Didelphidae, Subfamília Didelphinae Gray, 1821
Espécies no Brasil: *Marmosops bishopi, Marmosops caucae, Marmosops incanus, Marmosops noctivagus, Marmosops ocellatus, Marmosops parvidens, Marmosops paulensis* e *Marmosops pinheiroi*

Marmosops parvidens (Tate, 1931)

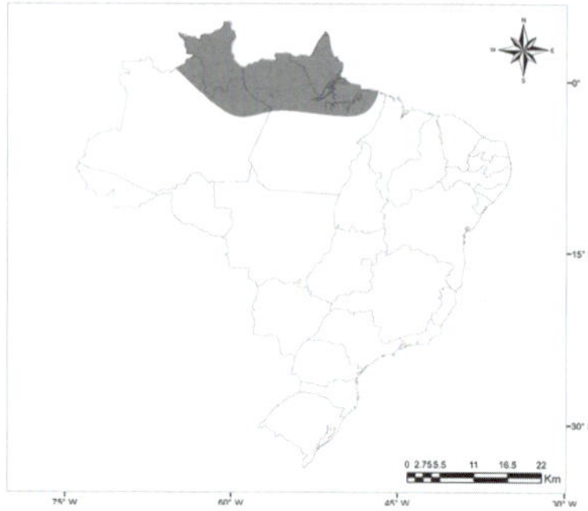

Figura 34. Foto e distribuição geográfica de *Marmosops parvidens* no Brasil (Foto: João Alves de Oliveira).

• **Descrição**: tamanho pequeno, com a cauda maior do que o comprimento cabeça-corpo. Pelagem fina e macia. Coloração dorsal castanho-acinzentada, tingida de vermelho, sem limite definido com a coloração ventral esbranquiçada, com ou sem faixa lateral de pelos de base cinza. Possui anel escurecido ao redor dos olhos. Orelha de tamanho pequeno. Cauda preênsil, nua, unicolor ou levemente bicolor.
• **Medidas**: retiradas de Voss *et al.* (2013).

Táxon	CC (n=7)	CA (n=7)	MC (n=9)
M. parvidens	100 (93-116)	150 (151-169)	25 (21-31)

• **Hábito e habitat**: noturno, solitário e insetívoro-onívoro. Utiliza, principalmente, o solo e o sub-bosque, ocorrendo, eventualmente, no sub-dossel, ou dossel (Vieira & Camargo 2012). Habita florestas primárias e secundárias de terra firme da Amazônia, sendo menos frequente em florestas inundada.
• **Informações cranianas**: margem posterior do forame incisivo alinhado ao canino, forames lacrimais não expostos em vista lateral, com crista supra orbital ausente, sem fenestras palatinas. Caninos com cúspides acessórias posterior e anterior.
• **Marsúpio e mamas**: fêmeas sem marsúpio. Normalmente, as fêmeas possuem 7 ou 9 mamas (Díaz-Nieto & Voss 2016).
• **Distribuição no Brasil**: estados do Amapá e Roraima, e parte dos estados do Amazonas e Pará (Modificado de Voss *et al.* 2013).

• Gênero *Marmosops* Matschie, 1916

Família Didelphidae, Subfamília Didelphinae Gray, 1821
Espécies no Brasil: *Marmosops bishopi, Marmosops caucae, Marmosops incanus, Marmosops noctivagus, Marmosops ocellatus, Marmosops parvidens, Marmosops paulensis* e *Marmosops pinheiroi*

Marmosops paulensis (Tate, 1931)

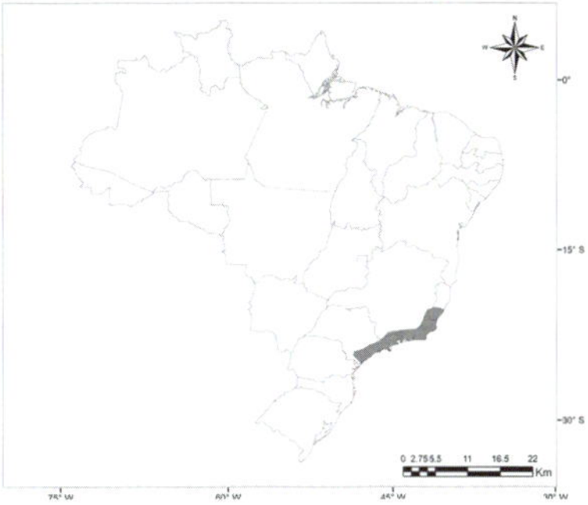

Figura 35. Foto e distribuição geográfica de *Marmosops paulensis* no Brasil (Foto: Michel Faria).

• **Descrição:** tamanho pequeno, com a cauda maior do que o comprimento cabeça-corpo. Pelagem fina, e macia. Coloração dorsal castanho-acinzentada, tingida de vermelho, e coloração branca no ventre, sem faixa lateral de pelos de base cinza. Possui anel escurecido ao redor dos olhos. Orelhas de tamanho pequeno. Cauda preênsil, nua, levemente bicolor com parte apical esbranquiçada.
• **Medidas:** retiradas de Mustrangi & Patton (1997).

Táxon	CT (n=6)	CA (n=6)	MC (n=4)
M. paulensis	122 (111-139)	168 (164-173)	16-70

• **Hábito e habitat:** noturno, solitário e insetívoro-onívoro. Utiliza, principalmente, o solo e o sub-bosque, ocorrendo, eventualmente, no sub-dossel ou dossel (Vieira & Camargo 2012). Habita florestas primárias e secundárias, sendo endêmica da Mata Atlântica. A disponibilidade de frutos influencia na duração do período da atividade reprodutiva, e parece ter papel na ocorrência de semelparidade (após o período reprodutivo, os machos desaparecem da população) nesta espécie (Leiner *et al.* 2008).
• **Informações cranianas:** margem posterior do forame incisivo alinhado ao P1, forames lacrimais expostos em vista lateral, crista supra orbital arredondada e não proeminente, sem fenestras palatinas. Caninos sem cúspides acessórias.
• **Marsúpio e mamas:** fêmeas sem marsúpio.
• **Distribuição no Brasil:** estado do Rio de Janeiro, e em parte dos estados do Espirito Santo, Minas Gerais e São Paulo (Modificado de Gardner & Creighton 2008).

• Gênero *Marmosops* Matschie, 1916

Família Didelphidae, Subfamília Didelphinae Gray, 1821

Espécies no Brasil: *Marmosops bishopi, Marmosops caucae, Marmosops incanus, Marmosops noctivagus, Marmosops ocellatus, Marmosops parvidens, Marmosops paulensis* e *Marmosops pinheiroi*

Marmosops pinheiroi (Pine, 1981)

Figura 36. Foto e distribuição geográfica de *Marmosops pinheiroi* no Brasil (Foto: Cleuton Miranda).

• **Descrição**: tamanho pequeno, com a cauda maior do que o comprimento cabeça-corpo. Pelagem fina, e macia. Coloração dorsal castanho-acinzentada escura, com limite bem definido com a coloração ventral esbranquiçada, com faixa lateral de pelos de base cinza e ápice branco sempre presente, variando de estreita a muito larga, ocupando grande parte do ventre. Possui anel escurecido ao redor dos olhos. Orelhas de tamanho pequeno. Cauda preênsil, nua, unicolor, ou levemente bicolor.

• **Medidas**: retiradas de Voss & Jansa (2009).

Táxon	CC (n=3)	CA (n=3)	MC (n=3)
M. pinheiroi	103 (94-121)	149 (137-156)	27 (21-33)

• **Hábito e habitat**: noturno, solitário, não há dados sobre a dieta. Habita o sub-bosque de florestas primárias e secundárias de terra firme e florestas inundadas da Amazônia, utilizando também o solo.

• **Informações cranianas**: margem posterior do forame incisivo alinhado ao canino, forames lacrimais expostos em vista lateral, com crista supra orbital ausente, sem fenestras palatinas. Canino com cúspides acessórias posterior e anterior.

• **Marsúpio e mamas**: fêmeas sem marsúpio. Normalmente, as fêmeas possuem de 7 a 9 mamas (Díaz-Nieto & Voss 2016).

• **Distribuição no Brasil**: nos estados do Amapá, Maranhão, Pará e Tocantins (Modificado de Nascimento *et al.* 2015, Rocha *et al.* 2015).

• Gênero *Metachirus* Burmeister, 1854

Família Didelphidae, Subfamília Didelphinae Gray, 1821
Espécies no Brasil: *Metachirus myosurus* e *Metachirus nudicaudatus*

Metachirus myosurus (Temminck, 1824)

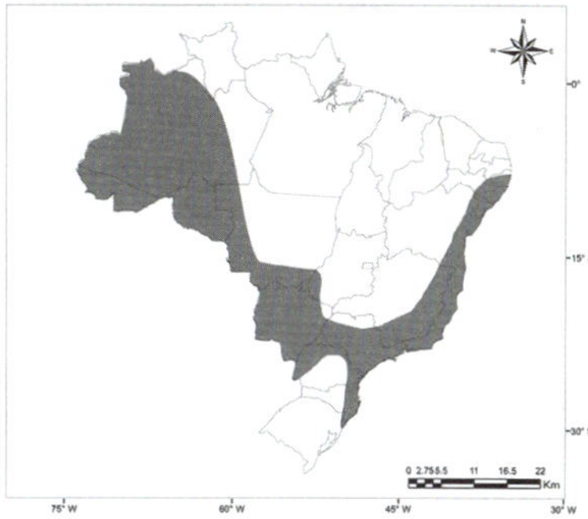

Figura 37. Foto e distribuição geográfica de *Metachirus myosurus* no Brasil (Foto: Michel Faria).

• **Descrição:** tamanho médio a grande, com a cauda maior do que o comprimento cabeça-corpo. Pelagem curta e densa. Coloração dorsal variando de marrom-acinzentada a acastanhada, com limite pouco definido com o ventre creme. Apresenta duas manchas arredondadas de pelos claros imediatamente sobre os olhos, como no gênero *Philander*. Orelhas grandes, nuas, arredondadas e escuras. Cauda não preênsil, com pelos semelhantes aos do dorso somente no primeiro centímetro da região basal, o restante sem pelo, e com a região distal despigmentada.

• **Medidas:** presente estudo.

Táxon	CC (n=13)	CA (n=13)	MC (n=13)
M. myosurus	260 (230-323)	323 (280-360)	341 (250-440)

• **Hábito e habitat:** noturno, solitário e frutífero (Voss *et al.* 2019). Espécie essencialmente terrícola. Habita florestas primárias e secundárias nos biomas Amazônico, Pampas, Cerrados e Mata Atlântica. Já foi encontrado nas florestas de Araucária do sul do Brasil (Voss *et al.* 2019).

• **Informações cranianas:** ossos frontais e esquamosal em contato com a parte lateral da caixa craniana formado uma ponte que impede o contato dos ossos parietal e alisfenóide. Fenestra maxopalatina menor do que em *M. nudicaudatus*, não alcançando o terceiro pré-molar nem o molar 4. Na série molar inferior o entoconide é maior que o paraconide

• **Marsúpio e mamas:** sem informações.

• **Distribuição no Brasil:** estados do Acre, Alagoas, Amazonas, Espírito Santo, Mato Grosso, Rio de Janeiro, Rondônia e Sergipe, e em parte dos estados da Bahia, Goiás, Mato Grosso do Sul, Minas Gerais, Paraíba, Paraná, Pernambuco, Rio Grande do Sul, São Paulo e Santa Catarina (Modificado de Gardner & Dagosto 2008, Voss *et al.* 2019).

• Gênero *Metachirus* Burmeister, 1854

Família Didelphidae, Subfamília Didelphinae Gray, 1821
Espécies no Brasil: *Metachirus myosurus* e *Metachirus nudicaudatus*

Metachirus nudicaudatus (E. Geoffroy, 1803)

Figura 38. Distribuição geográfica de *Metachirus nudicaudatus* no Brasil (Foto: Álvaro Silva).

• **Descrição**: tamanho médio a grande, com a cauda maior do que o comprimento cabeça-corpo. Pelagem curta e densa. Coloração dorsal variando de marrom-acinzentada a acastanhada, com limite pouco definido com o ventre creme. Apresenta duas manchas arredondadas de pelos claros imediatamente sobre os olhos, como no gênero *Philander*. Orelhas grandes, nuas, arredondadas e escuras. Cauda não preênsil, com pelos semelhantes aos do dorso somente no primeiro centímetro da região basal, o restante sem pelo, e com a região distal despigmentada.

• **Medidas**: Voss *et al.* (2019).

Táxon	CC (n=7)	CA (n=7)	MC (n=7)
M. nudicaudatus	259 (240-290)	344 (326-370)	335 (260-410)

• **Hábito e habitat**: noturno, solitário, e insetívoro, consumindo um número razoável de invertebrados, mas também consomem frutos (Lessa & Costa 2010). Espécie essencialmente terrícola (Vieira & Camargo 2012). Habita florestas primárias e secundárias próximas a cursos d'água no bioma Amazônico (Ribeiro & Vieira 2012, Voss *et al.* 2019).

• **Informações cranianas**: ossos frontais e esquamosal em contato com a parte lateral da caixa craniana formado uma ponte que impede o contato dos ossos parietal e alisfenóide. Fenestra maxopalatina maior do que em *M. myosuros*, alcançando o terceiro pré-molar e o molar 4. Na série molar inferior, o entoconide é subigual ao paraconide.

• **Marsúpio e mamas**: marsúpio ausente, mas dobras laterais indistintas no abdome podem estar presentes. Normalmente, as fêmeas possuem 9 mamas, dispostas em duas filas de quatro com uma teta mediana entre eles (Smith 2008b).

• **Distribuição no Brasil**: estados do Amapá, Amazonas, Maranhão, Mato Grosso, Pará, Piauí, Roraima e Tocantins (Modificado de Gardner & Dagosto 2008, Miranda *et al.* 2009, Voss *et al.* 2019).

• Gênero *Monodelphis* Burnett, 1830

Família Didelphidae, Subfamília Didelphinae Gray, 1821

Espécies no Brasil: *Monodelphis americana, Monodelphis arlindoi, Monodelphis brevicaudata, Monodelphis dimidiata, Monodelphis domestica, Monodelphis emiliae, Monodelphis glirina, Monodelphis handleyi, Monodelphis iheringi, Monodelphis kunsi, Monodelphis pinocchio, Monodelphis saci, Monodelphis scalops, Monodelphis touan, Monodelphis unistriata, Monodelphis vossi*

Monodelphis americana (Müller, 1776)

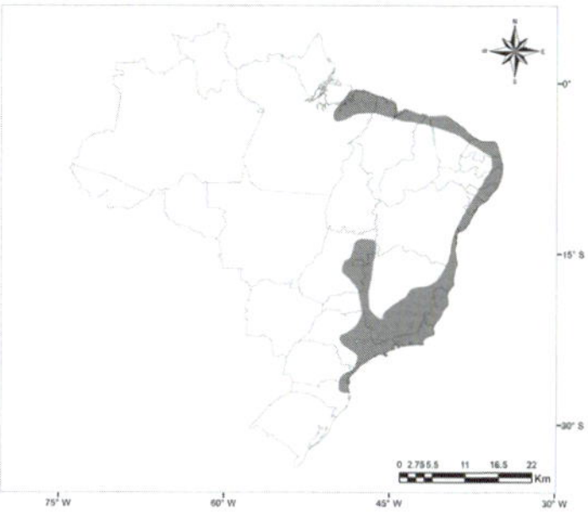

Figura 39. Foto e distribuição geográfica de *Monodelphis americana* no Brasil (Foto: Júlio Vilela).

• **Descrição**: tamanho pequeno, com o comprimento da cauda menor (70%) do que o comprimento cabeça-corpo. Pelagem fina, curta e macia. Coloração dorsal castanho-acinzentado na porção mediana e castanho-avermelhada na região lombar, e coloração ventral creme-amarelada, com pelos de base cinza. Presença de três listras dorsais longitudinais escuras, continuamente a partir da base da cauda até a ponta do focinho. Listra dorsal *M. americana* e *M. iheringi* são difíceis de distinguir porque ambos apresentam três listras pretas dorsais. Os machos perdem gradualmente as listras a partir da classe de idade 4, adquirindo uma pelagem dorsal avermelhada. Pelos da região do queixo e garganta semelhantes ao ventre. Terceiro digito das patas anteriores e posteriores mais longo. Garras das patas anteriores grandes, ultrapassando as almofadas digitais. Orelha de tamanho pequeno. Cauda curta com pelagem restrita à sua base.

• **Medidas**: presente estudo.

Táxon	CC (n=4)	CA (n=4)	MC (n=4)
M. americana	103 (98-115)	48 (39-60)	25 (17-30)

• **Hábito e habitat**: solitário e insetívoro-onívoro. Espécie essencialmente terrícola (Vieira & Camargo 2012). Habita florestas primárias e secundárias da Mata Atlântica e matas de galeria do Cerrado.

• **Informações cranianas**: crista sagital rudimentar formado pela lâmina medial do processo timpânico do alisfenóide.

• **Marsúpio e mamas**: fêmeas sem marsúpio.

• **Distribuição no Brasil**: Distrito Federal e nos estados do Espírito Santo e Rio de Janeiro, e em parte dos estados de Alagoas, Bahia, Ceará, Goiás, Maranhão, Minas Gerais, Pará, Paraíba, Pernambuco, Piauí, Santa Catarina, São Paulo e Sergipe (Modificado de Pine & Handley 2008, Pavan *et al.* 2014).

• Gênero *Monodelphis* Burnett, 1830

Família Didelphidae, Subfamília Didelphinae Gray, 1821

Espécies no Brasil: *Monodelphis americana, Monodelphis arlindoi, Monodelphis brevicaudata, Monodelphis dimidiata, Monodelphis domestica, Monodelphis emiliae, Monodelphis glirina, Monodelphis handleyi, Monodelphis iheringi, Monodelphis kunsi, Monodelphis pinocchio, Monodelphis saci, Monodelphis scalops, Monodelphis touan, Monodelphis unistriata* e *Monodelphis vossi*

Monodelphis arlindoi Pavan Rossi & Schneider, 2012

Figura 40. Foto e distribuição geográfica de *Monodelphis arlindoi* no Brasil (Foto: Silvia Pavan).

• **Descrição**: tamanho pequeno, com o comprimento da cauda menor (70%) do que o comprimento cabeça-corpo. Pelagem fina, curta e macia. Coloração dorsal grisalha contrastando com as laterais avermelhadas, que contrastam com a coloração ventral creme-acinzentada, listras dorsais longitudinais ausentes. Pelos da região do queixo e garganta distintamente avermelhados. Terceiro digito das patas anteriores e posteriores mais longo. Garras das patas anteriores grandes, ultrapassando as almofadas digitais. Orelha de tamanho pequeno. Cauda curta com pelagem cobrindo cerca de 1/3 da região dorsal.

• **Medidas**: retiradas de Pavan *et al.* (2012).

Táxon	CC (n=2)	CA (n=2)	MC (n)
M. arlindoi	120-182	70-98	-

• **Hábito e habitat**: solitário, terrestre, sem informações sobre a dieta desta espécie. Habita florestas ao norte da Amazônia brasileira (Pavan *et al.* 2012).

• **Informações cranianas**: crista sagital ausente ou pouco desenvolvido (Pavan *et al.* 2012).

• **Marsúpio e mamas**: fêmeas sem marsúpio.

• **Distribuição no Brasil**: estados do Amazonas, Pará e Roraima (Modificado de Pavan *et al.* 2012).

• Gênero *Monodelphis* Burnett, 1830

Família Didelphidae, Subfamília Didelphinae Gray, 1821

Espécies no Brasil: *Monodelphis americana, Monodelphis arlindoi, Monodelphis brevicaudata, Monodelphis dimidiata, Monodelphis domestica, Monodelphis emiliae, Monodelphis glirina, Monodelphis handleyi, Monodelphis iheringi, Monodelphis kunsi, Monodelphis pinocchio, Monodelphis saci, Monodelphis scalops, Monodelphis touan, Monodelphis unistriata* e *Monodelphis vossi*

Monodelphis brevicaudata (Erxleben, 1777)

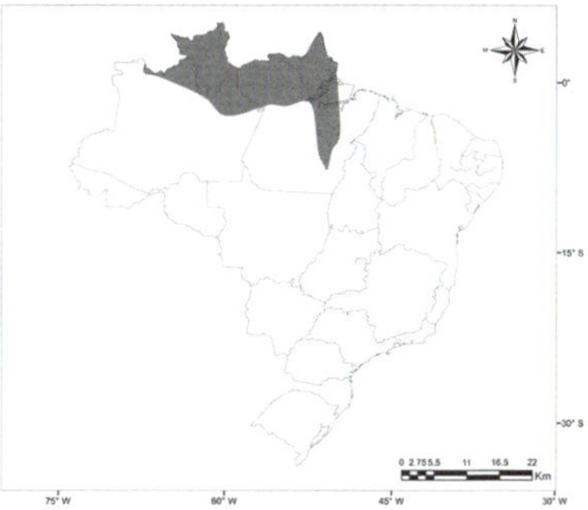

Figura 41. Foto e distribuição geográfica de *Monodelphis brevicaudata* no Brasil (Foto: Michel Faria)

• **Descrição**: tamanho pequeno, com o comprimento da cauda menor (70%) do que o comprimento cabeça-corpo. Pelagem fina, curta e macia. Coloração dorsal acastanhada ou acinzentada, com pouco ou nenhum contraste com as laterais avermelhadas e com a coloração ventral creme-acinzentada. Listras dorsais longitudinais ausentes. Pelos da região do queixo avermelhados. Terceiro dígito das patas anteriores e posteriores mais longo. Patas anteriores com garras grandes, ultrapassando as almofadas digitais. Orelha de tamanho pequeno. Cauda curta com pelagem cobrindo cerca de 1/3 da região dorsal.

• **Medidas**: retiradas de Pavan *et al.* (2012).

Táxon	CC (n=2)	CA (n=2)	MC (n)
M. brevicaudata	142-157	64-97	-

• **Hábito e habitat**: solitário e insetívoro-onívoro. Espécie essencialmente terrícola (Vieira & Camargo 2012). Habitat restrito a florestas de terra firme da Amazônia brasileira.

• **Informações cranianas**: cristas sagitais ausente ou pouco desenvolvidas.

• **Marsúpio e mamas**: marsúpio ausente.

• **Distribuição no Brasil**: estados do Amazonas, Roraima, Amapá e Pará (Modificado de Pavan *et al.* 2012).

• Gênero *Monodelphis* Burnett, 1830

Família Didelphidae, Subfamília Didelphinae Gray, 1821

Espécies no Brasil: *Monodelphis americana, Monodelphis arlindoi, Monodelphis brevicaudata, Monodelphis dimidiata, Monodelphis domestica, Monodelphis emiliae, Monodelphis glirina, Monodelphis handleyi, Monodelphis iheringi, Monodelphis kunsi, Monodelphis pinocchio, Monodelphis saci, Monodelphis scalops, Monodelphis touan, Monodelphis unistriata* e *Monodelphis vossi*

Monodelphis dimidiata (Wagner, 1847)

Figura 42. Distribuição geográfica de *Monodelphis dimidiata* no Brasil.

• **Descrição**: tamanho pequeno, com comprimento da cauda menor (70%) do que o comprimento cabeça-corpo. Pelagem fina, curta e macia. Coloração dorsal castanho-acinzentado contrastando com as laterais avermelhadas ou alaranjadas, e a coloração ventral creme-alaranjada. Listras dorsais longitudinais ausentes. Pelos da região do queixo alaranjadas. Terceiro dígito das patas anteriores e posteriores mais longo. Patas anteriores com garras grandes, ultrapassando as almofadas digitais. Orelha de tamanho pequeno. Cauda curta com pelagem dorsal retida na base.

• **Medidas**: presente estudo.

Táxon	CC (n=5)	CA (n=5)	MC (n=5)
M. dimidiata	139 (130-147)	73 (68-81)	68 (59-81)

• **Hábito e habitat**: noturno e diurno com pico de atividade ao anoitecer, solitário, com dieta generalista, sendo os insetos abundantes em sua dieta, mas consumem, também, frutos (Castilheiro & Santos 2013). Espécie essencialmente terrícola (Vieira & Camargo 2012). Habita regiões de Mata Atlântica e Pampa. Já foi encontrado nas florestas de Araucária do sul do Brasil (Ribeiro & Vieira 2012).

• **Informações cranianas**: P3 com cristas sagitais desenvolvidas.

• **Marsúpio e mamas**: fêmeas sem marsúpio, possuindo 27 mamas (Pavan & Voss 2016).

• **Distribuição no Brasil**: estado de Santa Catarina, e em parte dos estados de Minas Gerais, Paraná, Rio Grande do Sul e São Paulo (Modificado de Pine & Handley 2008, Pavan *et al.* 2014).

• Gênero *Monodelphis* Burnett, 1830

Família Didelphidae, Subfamília Didelphinae Gray, 1821

Espécies no Brasil: *Monodelphis americana, Monodelphis arlindoi, Monodelphis brevicaudata, Monodelphis dimidiata, Monodelphis domestica, Monodelphis emiliae, Monodelphis glirina, Monodelphis handleyi, Monodelphis iheringi, Monodelphis kunsi, Monodelphis pinocchio, Monodelphis saci, Monodelphis scalops, Monodelphis touan, Monodelphis unistriata* e *Monodelphis vossi*

Monodelphis domestica (Wagner, 1842)

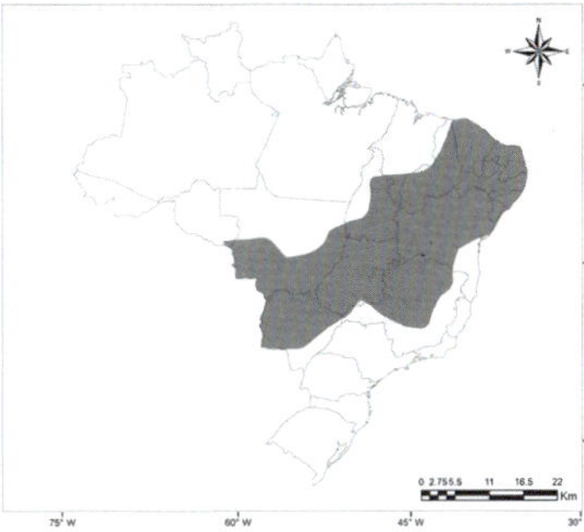

Figura 43. Foto e distribuição geográfica de *Monodelphis doméstica* no Brasil (Foto: Cibele Bonvicino).

• **Descrição**: tamanho médio porte, com o comprimento da cauda menor (70%) do que o comprimento cabeça-corpo. Pelagem fina, curta e macia. Coloração dorsal acinzentada, sem contraste com as laterais e com a coloração ventral creme, com pelos de base cinza. Listras dorsais longitudinais ausentes. Pelos da região do queixo similares ao ventre. Terceiro dígito das patas anteriores e posteriores mais longo. Patas anteriores com garras grandes, ultrapassando as almofadas digitais. Orelha de tamanho pequeno. Cauda curta com pelagem dorsal retida na base.

• **Medidas**: presente estudo.

Táxon	CC (n=3)	CA (n=3)	MC (n=3)
M. domestica	142 (123-150)	78 (64-93)	67 (42-81)

• **Hábito e habitat**: noturno, com maior atividade durante o período crepuscular e algumas horas durante a noite, solitário e insetívoro-onívoro. Espécie essencialmente terrícola (Carmignotto 1999, Vieira & Camargo 2012). Habita formações vegetais do Cerrado (mata de galeria, campo úmido, floresta semidecídua, cerrado *sensu stricto*, cerrado ralo, Bonvicino *et al.* 2002), Caatinga e Pantanal.

• **Informações cranianas**: crista sagital ausente ou pouco desenvolvida.

• **Marsúpio e mamas**: fêmeas sem marsúpio, possuindo 13 mamas inguinais, mas as mamas mais anteriores podem estar ausentes, restando apenas 11 ou 12 (Macrini 2004).

• **Distribuição no Brasil**: Distrito Federal e nos estados de Alagoas, Ceará, Goiás, Paraíba, Pernambuco e Piauí, e em parte dos estados da Bahia, Mato Grosso do Sul, Mato Grosso, Minas Gerais, Maranhão, Rondônia, Sergipe, Rio Grande do Norte e Tocantins (Modificado de Pine & Handley 2008).

• Gênero *Monodelphis* Burnett, 1830

Família Didelphidae, Subfamília Didelphinae Gray, 1821

Espécies no Brasil: *Monodelphis americana*, *Monodelphis arlindoi*, *Monodelphis brevicaudata*, *Monodelphis dimidiata*, *Monodelphis domestica*, *Monodelphis emiliae*, *Monodelphis glirina*, *Monodelphis handleyi*, *Monodelphis iheringi*, *Monodelphis kunsi*, *Monodelphis pinocchio*, *Monodelphis saci*, *Monodelphis scalops*, *Monodelphis touan*, *Monodelphis unistriata* e *Monodelphis vossi*

Monodelphis emiliae (Thomas, 1912)

Figura 44. Foto e distribuição geográfica de *Monodelphis emiliae* no Brasil (Foto: Thiago Semedo).

• **Descrição**: tamanho pequeno, com o comprimento da cauda menor (70%) do que o comprimento cabeça-corpo. Pelagem fina, curta e macia. Coloração dorsal grisalha, contrastando com a cabeça e região lombar avermelhadas, e a coloração ventral creme-amarronzado, listras dorsais longitudinais ausentes. Pelos da região do queixo similar ao ventre. Terceiro dígito das patas anteriores e posteriores mais longo. Patas anteriores com garras grandes, ultrapassando as almofadas digitais. Orelha de tamanho pequeno. Cauda curta com pelagem cobrindo cerca de 1/3 da região dorsal.

• **Medidas**: retiradas de Voss & Jansa (2009).

Táxon	CT (n=6)	CA (n=6)	MC (n=6)
M. emiliae	107 (97-113)	50 (45-53)	30 (20-38)

• **Hábito e habitat**: noturno e solitário. Espécie essencialmente terrícola (Vieira & Camargo 2012). Habita florestas de terra firme da Floresta Amazônica.

• **Informações cranianas**: cristas sagitais ausentes ou pouco desenvolvidas.

• **Marsúpio e mamas**: fêmeas sem marsúpio.

• **Distribuição no Brasil**: estado do Acre, e em parte dos estados do Amazonas, Pará e Rondônia (Modificado de Pine & Handley 2008).

• Gênero *Monodelphis* Burnett, 1830

Família Didelphidae, Subfamília Didelphinae Gray, 1821

Espécies no Brasil: *Monodelphis americana, Monodelphis arlindoi, Monodelphis brevicaudata, Monodelphis dimidiata, Monodelphis domestica, Monodelphis emiliae, Monodelphis glirina, Monodelphis handleyi, Monodelphis iheringi, Monodelphis kunsi, Monodelphis pinocchio, Monodelphis saci, Monodelphis scalops, Monodelphis touan, Monodelphis unistriata* e *Monodelphis vossi*

Monodelphis glirina (Wagner, 1842)

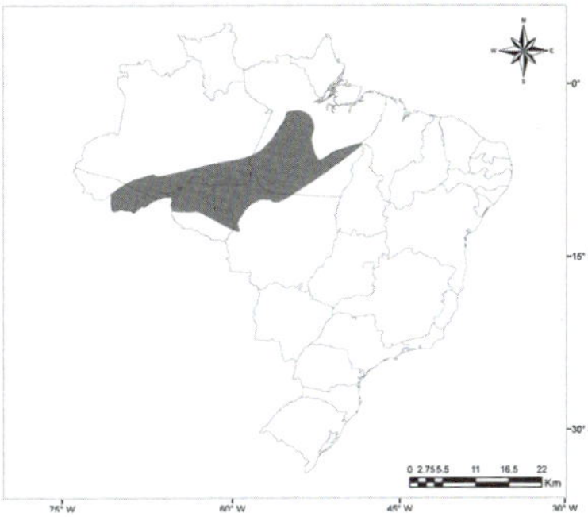

Figura 45. Foto e distribuição geográfica de *Monodelphis glirina* no Brasil (Foto: Diego Afonso).

• **Descrição**: tamanho pequeno, com o comprimento da cauda menor (70%) do que o comprimento cabeça-corpo. Pelagem fina, curta e macia. Coloração dorsal grisalha, contrastando com as laterais alaranjadas, com limite pouco definido com a coloração ventral creme-acinzentada, levemente alaranjado, listras dorsais longitudinais ausentes. Pelos da região do queixo pouco alaranjados. Terceiro dígito das patas anteriores e posteriores mais longo. Patas anteriores com garras grandes, ultrapassando as almofadas digitais. Orelha de tamanho pequeno. Cauda curta com pelagem retida na base da cauda.

• **Medidas**: presente estudo.

Táxon	CC (n=3)	CA (n=3)	MC (n=3)
M. glirina	143 (130-159)	114 (81-165)	75 (90-165)

• **Hábito e habitat:** noturno, solitário, terrestre, com dieta generalista, sendo os insetos abundantes em sua alimentação, mas consumem também frutos (Castilheiro & Santos 2013). Ocorre na floresta tropical da Amazônia.

• **Informações cranianas**: cristas sagitais ausentes ou pouco desenvolvidas.

• **Marsúpio e mamas:** fêmeas sem marsúpio.

• **Distribuição no Brasil**: parte dos estados do Acre, Amazonas, Mato Grosso, Pará e Rondônia.

• Gênero *Monodelphis* Burnett, 1830

Família Didelphidae, Subfamília Didelphinae Gray, 1821
Espécies no Brasil: *Monodelphis americana, Monodelphis arlindoi, Monodelphis brevicaudata, Monodelphis dimidiata, Monodelphis domestica, Monodelphis emiliae, Monodelphis glirina, Monodelphis handleyi, Monodelphis iheringi, Monodelphis kunsi, Monodelphis pinocchio, Monodelphis saci, Monodelphis scalops, Monodelphis touan, Monodelphis unistriata* e *Monodelphis vossi*

Monodelphis handleyi Solari, 2017

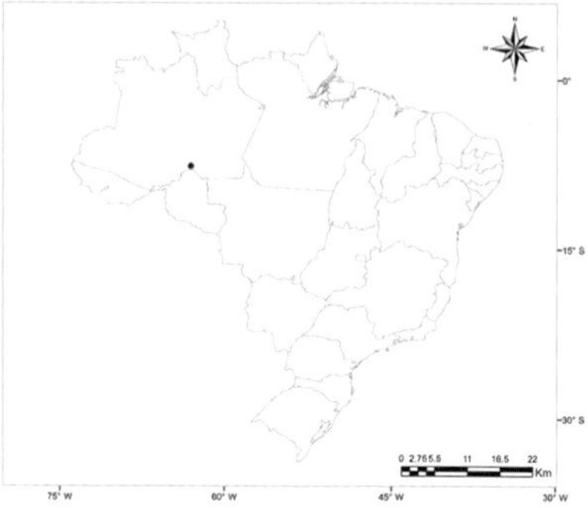

Figura 46. Distribuição geográfica de *Monodelphis handleyi* no Brasil.

• **Descrição:** Tamanho pequeno, com o comprimento da cauda menor do que o comprimento cabeça-corpo. Pelagem fina, curta e macia. Coloração dorsal amarelado ou acastanhado com aparência geral marrom com base cinza claro e região do quadril mais escura, coloração ventral creme opaco, com faixa mediana mais pálida, mas facilmente perceptível. Pelos da região do queixo similar ao ventre e cabeça acastanhada. Vibrissas mistaciais não se estendem além dos ouvidos, glândula da garganta está presente com cor variando de amarelado a laranja. Patas anteriores com garras grandes, ultrapassando as almofadas digitais. Orelha de tamanho pequeno.
• **Medidas:** retiradas de Solari (2017), Bezerra *et al.* (2019).

Táxon	CC (n=6)	CA (n=6)	MC (n=6)
M. handleyi	122,9 (122,9 -124,0)	70,2 (68-73,5)	32,5

• **Hábito e habitat:** noturno e solitário. Habita florestas primárias e secundárias de terra firme além das savanas amazônicas de solo pobre (Solari 2017, Bezerra *et al.* 2019).
• **Informações cranianas:** forames intermaxilares e interpalatinos formam uma crista elevada, processo glenoidal do jugal é aumentado e forma uma região mais estreita da fossa. Os processos pós-timpânicos do esquamosal são aumentados e projetados lateralmente, enquanto os processos timpânicos do alisfenóide são pequenos.
• **Marsúpio e mamas:** fêmeas sem marsúpio.
• **Distribuição no Brasil:** conhecido de uma localidade no Brasil, no município de Humaitá ao sul do Amazonas, a outra localidade conhecida é no Peru (Solari 2017, Bezerra *et al.* 2019).

• Gênero *Monodelphis* Burnett, 1830

Família Didelphidae, Subfamília Didelphinae Gray, 1821

Espécies no Brasil: *Monodelphis americana, Monodelphis arlindoi, Monodelphis brevicaudata, Monodelphis dimidiata, Monodelphis domestica, Monodelphis emiliae, Monodelphis glirina, Monodelphis handleyi, Monodelphis iheringi, Monodelphis kunsi, Monodelphis pinocchio, Monodelphis saci, Monodelphis scalops, Monodelphis touan, Monodelphis unistriata* e *Monodelphis vossi*

Monodelphis iheringi (Thomas, 1888)

Figura 47. Distribuição geográfica de *Monodelphis iheringi* no Brasil.

• **Descrição**: tamanho pequeno, com o comprimento da cauda menor (70%) do que o comprimento cabeça-corpo. Pelagem fina, curta e macia. Coloração dorsal castanho-acinzentado na porção mediana e castanho-avermelhado na região lombar, coloração ventral alaranjada, com pelos de base cinza. Presença de três listras dorsais longitudinais escuras, iniciando-se na linha das orelhas. Pelos da região do queixo e garganta semelhantes ao ventre. Terceiro digito das patas anteriores e posteriores mais longo. Patas anteriores com garras grandes, ultrapassando as almofadas digitais. Orelha de tamanho pequeno. Cauda curta com pelagem retida em sua base.

• **Medidas**: retiradas de Pine & Handley (2008).

Táxon	CC (n=8)	CA (n=8)	MC (n)
M. iheringi	75-100	53-60	-

• **Hábito e habitat**: noturno, solitário e insetívoro-onívoro. Espécie essencialmente terrícola (Vieira & Camargo 2012). Habita florestas continuas, primárias e secundárias da Mata Atlântica. Já foi encontrado nas florestas de Araucária do sul do Brasil (Ribeiro & Vieira 2012).

• **Informações cranianas**: cristas sagitais ausentes.

• **Marsúpio e mamas**: sem marsúpio.

• **Distribuição no Brasil**: parte dos estados do Espírito Santo, Paraná, Rio de Janeiro, Rio Grande do Sul, Santa Catarina e São Paulo (Modificado de Pine & Handley 2008).

• Gênero *Monodelphis* Burnett, 1830

Família Didelphidae, Subfamília Didelphinae Gray, 1821

Espécies no Brasil: *Monodelphis americana, Monodelphis arlindoi, Monodelphis brevicaudata, Monodelphis dimidiata, Monodelphis domestica, Monodelphis emiliae, Monodelphis glirina, Monodelphis handleyi, Monodelphis iheringi, Monodelphis kunsi, Monodelphis pinocchio, Monodelphis saci, Monodelphis scalops, Monodelphis touan, Monodelphis unistriata* e *Monodelphis vossi*

Monodelphis kunsi Pine, 1975

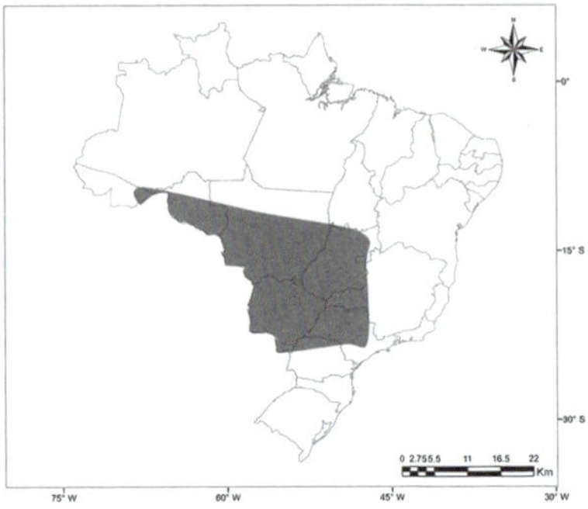

Figura 48. Distribuição geográfica de *Monodelphis kunsi* no Brasil (Foto: Diego Afonso).

• **Descrição**: tamanho pequeno porte, com o comprimento da cauda menor (70%) do que o comprimento cabeça-corpo. Pelagem fina, curta e macia. Coloração dorsal uniformemente castanha clara e escura, sem limite definido com a coloração ventral parda-amarelada ou parda-esbranquiçada, sem pelos de base cinza, às vezes com faixa amarelada na linha mediana, com pelos totalmente claros. Cabeça de coloração mais clara, alaranjado ou castanho-claro. Listras dorsais longitudinais ausentes. Pelos da região do queixo similares ao ventre. Terceiro dígito das patas anteriores e posteriores mais longo. Patas anteriores com garras grandes, ultrapassando as almofadas digitais. Orelha de tamanho pequeno e cauda curta.

• **Medidas**: retiradas de Pavan (2015).

Táxon	CT (n=17)	CA (n=17)	MC (n=13)
M. kunsi	71-90	34-49	9-19

• **Hábito e habitat**: noturno, solitário e insetívoro-onívoro. Espécie essencialmente terrícola (Vieira & Camargo 2012). Habita áreas abertas do Cerrado e do limite sul da Amazônia.

• **Informações cranianas**: cristas sagitais ausentes.

• **Marsúpio e mamas**: fêmeas sem marsúpio.

• **Distribuição no Brasil**: Distrito Federal, e em parte dos estados do Acre, Goiás, Mato Grosso do Sul, Minas Gerais, Paraná, Tocantins, Mato Grosso, Rondônia e São Paulo (Modificado de Pine & Handley 2008).

• Gênero *Monodelphis* Burnett, 1830

Família Didelphidae, Subfamília Didelphinae Gray, 1821

Espécies no Brasil: *Monodelphis americana, Monodelphis arlindoi, Monodelphis brevicaudata, Monodelphis dimidiata, Monodelphis domestica, Monodelphis emiliae, Monodelphis glirina, Monodelphis handleyi, Monodelphis iheringi, Monodelphis kunsi, Monodelphis pinocchio, Monodelphis saci, Monodelphis scalops, Monodelphis touan, Monodelphis unistriata* e *Monodelphis vossi*

Monodelphis pinocchio Pavan 2015

Figura 49. Distribuição geográfica de *Monodelphis pinocchio* no Brasil.

• **Descrição**: tamanho pequeno, com o comprimento da cauda menor (55%) do que o comprimento cabeça-corpo. Pelagem macia. Coloração dorsal e lateral uniformemente marrom, sem listras distintas, com limite definido com o ventre creme, com a base dos pelos de cor cinza. Patas traseiras e dianteiras cobertas dorsalmente com pelos curtos e acastanhados. Orelha de tamanho pequeno. Cauda fracamente bicolor, marrom escuro, acentuado dorsalmente e marrom claro ventralmente.

• **Medidas**: retiradas de Pavan (2015).

Táxon	CT (n=4)	CA (n=4)	MC (n)
M. pinocchio	88-103	50-54	-

• **Hábito e habitat**: terrestre, semifossorial, sem dados sobre a alimentação. Habita florestas montanas da Mata Atlântica do sudeste do Brasil.

• **Informações cranianas**: crânio pequeno, visivelmente alongado, rostro notavelmente longo e estreito, forame infraorbitário dorsal não ultrapassa M1, forame lacrimal (dois de cada lado) expostos lateralmente na órbita anterior, margens supraorbitais arredondadas, crista sagital ausente.

• **Marsúpio e mamas**: fêmea sem marsúpio, possuindo 7 mamas (Pavan 2015).

• **Distribuição no Brasil**: estado do Rio de Janeiro, e em partes dos estados do Espírito Santo, Minas Gerais e São Paulo (Modificado de Pavan 2015).

• Gênero *Monodelphis* Burnett, 1830

Família Didelphidae, Subfamília Didelphinae Gray, 1821
Espécies no Brasil: *Monodelphis americana, Monodelphis arlindoi, Monodelphis brevicaudata, Monodelphis dimidiata, Monodelphis domestica, Monodelphis emiliae, Monodelphis glirina, Monodelphis handleyi, Monodelphis iheringi, Monodelphis kunsi, Monodelphis pinocchio, Monodelphis saci, Monodelphis scalops, Monodelphis touan, Monodelphis unistriata* e *Monodelphis vossi*

Monodelphis saci Pavan Mendes-Oliveira & Voss, 2017

Figura 50. Distribuição geográfica de *Monodelphis saci* no Brasil.

• **Descrição**: tamanho pequeno, com o comprimento da cauda menor (50%) do que o comprimento cabeça-corpo. Coloração dorsal amarronzada, mas escura na região posterior, sem listras distintas, com a cabeça distintamente mais avermelhada. Coloração ventral amarronzada com pelos de base cinza, mas abruptamente branco puro no meio do ventre, no peito e abdome. Patas traseiras e dianteiras cobertas dorsalmente com pelos de cor marrom claro. Orelha de tamanho pequeno cauda marrom escuro no dorso, mas com manchas pálidas no ventre.

• **Medidas**: retiradas de Pavan *et al.* (2017).

Táxon	CC (n=8)	CA (n=8)	MC (n=7)
M. saci	102 (93-117)	52 (41-59)	23 (17-29)

• **Hábito e habitat**: terrestre, sem dados sobre a alimentação. Habita florestas primárias e perturbadas, floresta de terra firme com dossel relativamente baixo e numerosos cipós, floresta ripária, sazonalmente inundada com solo argiloso, epífitas, palmeiras, e vegetação herbácea (Pavan *et al.* 2017).

• **Informações cranianas**: forame dorsal infraorbital anterior ao M1, forame lacrimal (dois de cada lado) anterior a margem orbital, margens supraorbitais arredondadas, crista sagital ausente. P2 ligeiramente menor que P3.

• **Marsúpio e mamas**: fêmea sem marsúpio.

• **Distribuição no Brasil**: em parte dos estados do Acre, Mato Grosso, Pará e Rondônia (Modificado de Pavan *et al.* 2017).

• Gênero *Monodelphis* Burnett, 1830

Família Didelphidae, Subfamília Didelphinae Gray, 1821

Espécies no Brasil: *Monodelphis americana, Monodelphis arlindoi, Monodelphis brevicaudata, Monodelphis dimidiata, Monodelphis domestica, Monodelphis emiliae, Monodelphis glirina, Monodelphis handleyi, Monodelphis iheringi, Monodelphis kunsi, Monodelphis pinocchio, Monodelphis saci, Monodelphis scalops, Monodelphis touan, Monodelphis unistriata* e *Monodelphis vossi*

Monodelphis scalops (Thomas, 1888)

Figura 51. Foto e distribuição geográfica de *Monodelphis scalops* no Brasil (Foto: Michel Faria).

• **Descrição**: tamanho pequeno, com o comprimento da cauda menor (70%) do que o comprimento cabeça-corpo. Pelagem fina, curta e macia. Coloração dorsal grisalho contrastando com a região da cabeça e lombar alaranjadas, com limite pouco definido com a coloração ventral creme-alaranjado. Listras dorsais longitudinais ausentes em machos velhos, presença de listras castanhas em machos jovens e em fêmeas, iniciando-se na linha das orelhas. Pelos da região do queixo e garganta semelhantes ao ventre. Terceiro dígito das patas anteriores e posteriores mais longo. Patas anteriores com garras grandes, ultrapassando as almofadas digitais. Cauda curta com pelagem retida em sua base.

• **Medidas**: presente estudo.

Táxon	CC (n=2)	CA (n=2)	MC (n=2)
M. scalops	95 (57-134)	57 (44-72)	75 (61-89)

• **Hábito e habitat**: noturno, solitário e insetívoro-onívoro. Espécie essencialmente terrícola (Vieira & Camargo 2012). Habita áreas de floresta da Mata Atlântica. Já foi encontrado nas florestas de Araucária do sul do Brasil (Ribeiro & Vieira 2012).

• **Informações cranianas**: cristas sagitais ausentes ou pouco desenvolvidas.

• **Marsúpio e mamas**: fêmeas sem marsúpio.

• **Distribuição no Brasil**: estado do Rio de Janeiro, e em parte dos estados do Espírito Santo, Minas Gerais, Paraná, São Paulo e Santa Catarina (Modificado de Pine & Handley 2008).

• Gênero *Monodelphis* Burnett, 1830

Família Didelphidae, Subfamília Didelphinae Gray, 1821

Espécies no Brasil: *Monodelphis americana, Monodelphis arlindoi, Monodelphis brevicaudata, Monodelphis dimidiata, Monodelphis domestica, Monodelphis emiliae, Monodelphis glirina, Monodelphis handleyi, Monodelphis iheringi, Monodelphis kunsi, Monodelphis pinocchio, Monodelphis saci, Monodelphis scalops, Monodelphis touan, Monodelphis unistriata* e *Monodelphis vossi*

Monodelphis touan **(Shaw, 1800)**

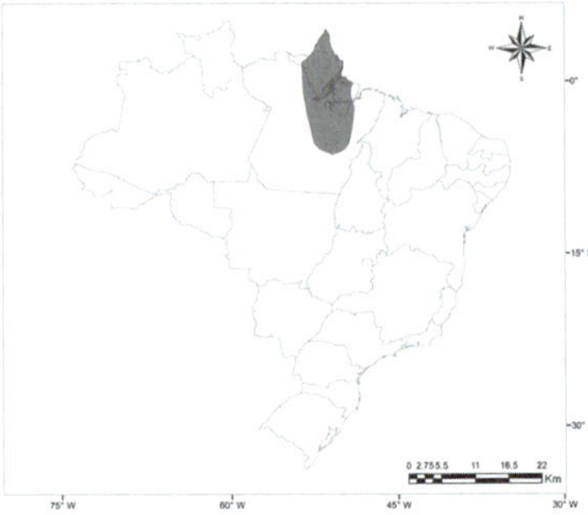

Figura 52. Foto e distribuição geográfica de *Monodelphis touan* no Brasil (Foto: Cleuton Miranda).

• **Descrição:** tamanho pequeno, com o comprimento da cauda menor (70%) do que o comprimento cabeça-corpo. Pelagem fina, curta e macia. Coloração dorsal grisalho, contrastando com as laterais avermelhadas, e a coloração ventral creme-acinzentada, com listras dorsais longitudinais ausentes. Pelos da região do queixo e garganta distintamente avermelhados. Pelagem corporal cobrindo 1/3 ou mais da porção dorsal da cauda em sua base. Terceiro dígito das patas anteriores e posteriores mais longo. Patas anteriores com garras grandes, ultrapassando as almofadas digitais. Cauda curta.

• **Medidas:** retiradas de Pavan *et al.* (2012)

Táxon	CC (vários)	CA	MC
M. touan	137-159	-	-

• **Hábito e habitat:** habita áreas da Floresta Amazônica.

• **Informações cranianas:** cristas sagitais ausentes ou pouco desenvolvidas.

• **Marsúpio e mamas:** fêmeas sem marsúpio.

• **Distribuição no Brasil:** parte dos estados do Amapá e Pará (Modificado de Pavan *et al.* 2012).

• Gênero *Monodelphis* Burnett, 1830

Família Didelphidae, Subfamília Didelphinae Gray, 1821

Espécies no Brasil: *Monodelphis americana, Monodelphis arlindoi, Monodelphis brevicaudata, Monodelphis dimidiata, Monodelphis domestica, Monodelphis emiliae, Monodelphis glirina, Monodelphis handleyi, Monodelphis iheringi, Monodelphis kunsi, Monodelphis pinocchio, Monodelphis saci, Monodelphis scalops, Monodelphis touan, Monodelphis unistriata* e *Monodelphis vossi*

Monodelphis unistriata (Wagner, 1842)

Figura 53. Distribuição geográfica de *Monodelphis unistriata* no Brasil.

• **Descrição**: tamanho pequeno, com o comprimento da cauda menor do que o comprimento cabeça-corpo. Pelagem curta e densa e aveludada. Coloração dorsal marrom avermelhado de pelos de base cinza, sem limites definidos com a coloração ventral, coloração lateral entre o amarelo-avermelhado e o marrom mais escuro, linha meio dorsal castanho-avermelhada começa no nível dos ombros e continua até a base da cauda, coloração ventral vermelho-amarelada. Coloração da cauda e dos membros marrom-acinzentado escuro, dorsalmente e ventralmente.

• **Medidas**: retiradas de Pine *et al.* (2013).

Táxon	CC (n=1)	CA (n=1)	MC (n)
M. unistriata	141,1	62,4	-

• **Hábito e habitat**: espécie essencialmente terrícola (Vieira & Camargo 2012). Rara, habitando regiões de Mata Atlântica.

• **Informações cranianas**: a parte anterior do lacrimal atinge o nível de P3, forames incisivos curtos alcançando apenas o nível da fossa paracanina, cíngulo labial em P2 presente, posição dos foramens infra orbitais a nível de P3 (Pine *et al.* 2013).

• **Marsúpio e mamas**: sem informação.

• **Distribuição no Brasil**: conhecida somente por uma localidade no município de Itararé estado de São Paulo, Brasil; e outra nos arredores de Misiones na Argentina (Pine *et al.* 2013).

• Gênero *Monodelphis* Burnett, 1830

Família Didelphidae, Subfamília Didelphinae Gray, 1821

Espécies no Brasil: *Monodelphis americana, Monodelphis arlindoi, Monodelphis brevicaudata, Monodelphis dimidiata, Monodelphis domestica, Monodelphis emiliae, Monodelphis glirina, Monodelphis handleyi, Monodelphis iheringi, Monodelphis kunsi, Monodelphis pinocchio, Monodelphis saci, Monodelphis scalops, Monodelphis touan, Monodelphis unistriata* e *Monodelphis vossi*

Monodelphis vossi Pavan, 2019

Figura 54. Distribuição geográfica de *Monodelphis vossi* no Brasil.

• **Descrição:** tamanho pequeno, com o comprimento da cauda menor (50%) do que o comprimento cabeça-corpo. Pelagem fina, curta e macia. Coloração dorsal cinza-esbranquiçado, lateralmente marcada por pelagem laranja da cabeça a parte posterior dos quadris, sem listras distintas ou descontinuidades na pigmentação. Pelos da parte superior da cabeça cinza-esbranquiçado, nunca laranjas na região supraocular. Pelo lateral cinza escuro com base laranja distalmente. Pelagem ventral de cor creme-acinzentado com avermelhado a laranja-claro, claramente diferenciado as partes laranjas, linha pouco evidente entre coloração ventral e lateral. Glândula gular ausente ou presente. Vibrissas mistaciais e supraorbitais na maioria das vezes escuras, se estendendo por trás dos olhos podendo atingir as orelhas. Orelha de tamanho pequeno. Cauda curta com pelagem castanho dorsalmente e mais pálido ventralmente.

• **Medidas:** retiradas de Pavan (2019).

Táxon	CC (n=3)	CA (n=3)	MC (n=3)
M. vossi	139,3 (129-162)	80 (72-94)	-

• **Hábito e habitat:** noturno e solitário, habita das savanas de terras baixas da Amazônia (Pavan 2019).

• **Informações cranianas:** fissura esfenorbital pequena e não expõe o basisfenóide (Pavan 2019).

• **Marsúpio e mamas:** fêmeas sem marsúpio (Pavan 2019).

• **Distribuição no Brasil:** é conhecido de duas localidades de savana no nordeste de Roraima, Brasil (Pavan 2019).

• Gênero *Philander* Brisson, 1762

Família Didelphidae, Subfamília Didelphinae Gray, 1821

Espécies no Brasil: *Philander andersoni, Philander canus, Philander mcilhennyi, Philander opossum, Philander pebas* e *Philander quica*

Philander andersoni (Osgood, 1913)

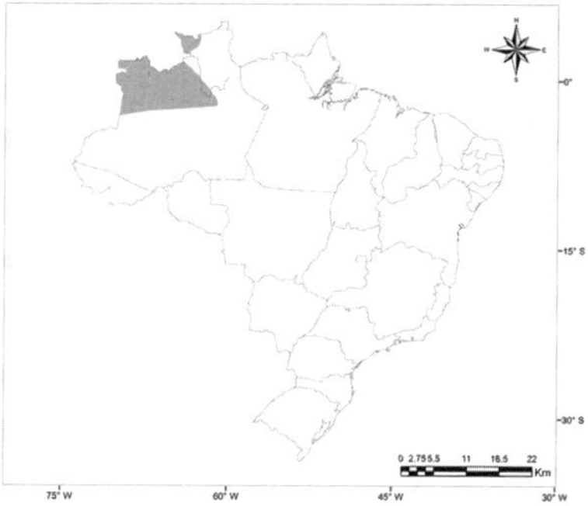

Figura 55. Distribuição geográfica de *Philander andersoni* no Brasil.

• **Descrição**: tamanho grande, com a cauda pouco maior do que o comprimento cabeça-corpo. Pelagem curta, espessa e macia em todo o corpo. Coloração dorsal cinza escuro sem limite definido com a coloração ventral mais clara, variando de cinza-prateado a creme, creme-amarelada ou esbranquiçada. Orelhas de tamanho mediano, arredondadas e nuas. Todas as espécies apresentam duas manchas claras sobre os olhos. Cauda preênsil, fracamente bicolor, negra na porção basal e despigmentada na porção distal. A pelagem corporal cobre de 20% a 25% da região basal da cauda. Patas traseiras são completamente negras ou têm metatarsos pretos e dígitos abruptamente esbranquiçados.

• **Medidas**: retiradas de Flores *et al.* (2008).

Táxon	CT (n=2)	CA (n=2)	MC (n=2)
P. andersoni	581-587	302-305	390-420

• **Hábito e habitat**: noturno, solitário e insetívoro onívoro. Utiliza, principalmente, o solo e o sub-bosque, ocorrendo, eventualmente, no sub-dossel ou dossel (Vieira & Camargo 2012). Habita a Floresta Amazônica.

• **Informações cranianas**: região posterior do nasal longa e com extremidade posterior fortemente afilada.

• **Marsúpio e mamas**: fêmeas com marsúpio, possuindo 7 mamas (Voss & Jansa 2009).

• **Distribuição no Brasil**: em parte dos estados do Amazonas e Roraima (Modificado de Patton & da Silva 2008).

• Gênero *Philander* Brisson, 1762

Família Didelphidae, Subfamília Didelphinae Gray, 1821

Espécies no Brasil: *Philander andersoni, Philander canus, Philander mcilhennyi, Philander opossum, Philander pebas* e *Philander quica*

Philander canus (Osgood, 1913)

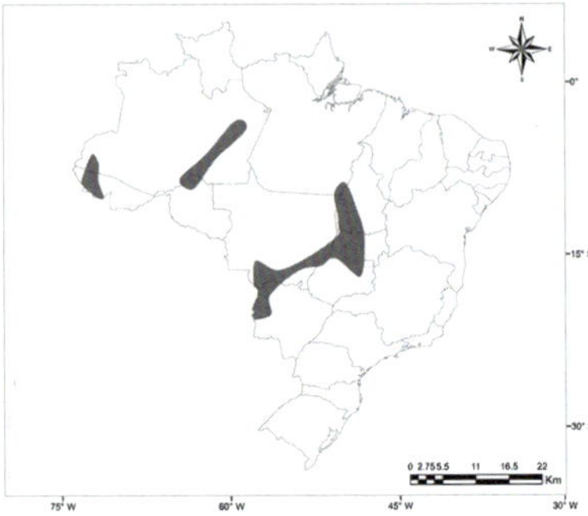

Figura 56. Distribuição geográfica de *Philander canus* no Brasil (Foto: Elaina Cristina Oliveira Doca).

• **Descrição**: tamanho grande, com a cauda pouco maior do que o comprimento cabeça-corpo. Pelagem curta, coloração dorsal uniformemente acinzentada, sem faixa mediana definida, com limite pouco definido com a coloração ventral creme-esbranquiçada. Pele entre as orelhas geralmente cinza-grisalho; ponto pré-auricular pálido. Pelagem dorsal das patas traseiras normalmente pálidas, mas, às vezes, indistintamente mais escuras sobre metatarsos laterais (nunca distintamente marcadas de preto). Cauda preênsil, parte distal da cauda usualmente $<1/2$ branca, mas raramente $<1/4$.

• **Medidas**: presente estudo.

Táxon	CT (n=2)	CA (n=2)	MC (n=2)
P. canus	281-285	289-305	370-400

• **Hábito e habitat**: noturno, solitário, terrestre e insetívoro-onívoro. Habita áreas da Amazônia, Pantanal, e mata de galeria do Cerrado (Voss *et al.* 2018).

• **Informações cranianas**: ossos nasais curtos, nunca se estendendo posteriormente para ou entre os processos pós-orbitais. Cíngulo labial do P3 completo, esmalte lingual de protocone liso, pré e pós cíngulo nos molares superiores ausente, P3 com cíngulo labial completo que se estende ao longo de toda a base do dente.

• **Marsúpio e mamas**: com marsúpio. Fórmula mamária desconhecida, mas, dentro do gênero, geralmente, as fêmeas possuem 5 ou 7 mamas (Voss & Jansa 2009).

• **Distribuição no Brasil**: em parte dos estados do Mato Grosso, Mato do Grosso do Sul, Goiás, Tocantins, sudoeste do Pará, Acre, Amazonas e Rondônia (Modificado de Voss *et al.* 2018).

• Gênero *Philander* Brisson, 1762

Família Didelphidae, Subfamília Didelphinae Gray, 1821

Espécies no Brasil: *Philander andersoni, Philander canus, Philander mcilhennyi, Philander opossum, Philander pebas* e *Philander quica*

Philander mcilhennyi Gardner & Patton, 1972

Figura 57. Foto e distribuição geográfica de *Philander mcilhennyi* no Brasil (Foto: James Patton).

• **Descrição**: tamanho grande, com a cauda pouco maior do que o comprimento cabeça-corpo. Pelagem curta, espessa e macia em todo o corpo. Coloração dorsal enegrecida, com faixa mediana mal definida, sem limite definido com a coloração ventral cinza-enegrecida. Possui machas supraoculares de pelos esbranquiçados grandes e bem definidas. Possuem pelos amarelos atrás das orelhas em pouca quantidade. Cauda preênsil, coberta de pelos semelhantes à coloração dorsal na parte basal (ca.25%), nua no restante, escura na porção basal e despigmentada na metade distal. Patas traseiras são completamente negras ou têm metatarsos pretos e dígitos abruptamente esbranquiçados.

• **Medidas**: retiradas de Patton *et al.* (2000).

Táxon	CT (n=6)	CA (n=6)	MC (n=1)
P. mcilhennyi	578-685	295-77	145

• **Hábito e habitat**: noturno, solitário e insetívoro-onívoro. Utiliza, principalmente, o solo e o sub-bosque, ocorrendo, eventualmente, no sub-dossel ou dossel (Vieira & Camargo 2012). Habita a Floresta Amazônica.

• **Informações cranianas**: nasais distintamente entalhados. Margem labial do M3 profundamente recuada.

• **Marsúpio e mamas**: marsúpio presente, abrindo anteriormente; número de mamas varia de 5 a 7 (Voss & Jansa 2009).

• **Distribuição no Brasil**: em parte dos estados do Acre e Amazonas (Modificado de Patton & Silva 2008).

• Gênero *Philander* Brisson, 1762

Família Didelphidae, Subfamília Didelphinae Gray, 1821
Espécies no Brasil: *Philander andersoni, Philander canus, Philander mcilhennyi, Philander opossum, Philander pebas* e *Philander quica*

Philander opossum (Linnaeus, 1758)

Figura 58. Foto e distribuição geográfica de *Philander opossum* no Brasil (Foto: Cibele Bonvicino).

• **Descrição**: tamanho grande, com a cauda pouco maior do que o comprimento cabeça-corpo. Pelagem curta, espessa e macia em todo o corpo. Coloração dorsal acinzentada, sem faixa mediana definida, com limite pouco definido com a coloração ventral creme-esbranquiçada. Possui machas supraoculares de coloração creme arredondadas, grandes e bem definidas. Possuem pelos amarelos abundantes atrás das orelhas. Cauda preênsil, coberta com a pelos semelhantes a pelagem corporal na parte basal (menos 20%), com a porção nua, escura na metade proximal e despigmentada na porção distal.

• **Medidas**: presente estudo.

Táxon	CC (n=5)	CA (n=5)	MC (n=5)
P. opossum	252 (210-285)	282 (250-305)	343 (220-450)

• **Hábito e habitat**: noturno, solitário e insetívoro - onívoro. Utiliza, principalmente, o solo e o sub-bosque, ocorrendo, eventualmente, no sub-dossel ou dossel (Vieira & Camargo 2012).

• **Informações cranianas**: região posterior do nasal longa e com a extremidade posterior fortemente afilada, forame rotundo posterior a margem posterior da fissura esfenorbital, ossos nasais longos a se estendendo posteriormente para ou entre os processos pós-orbitais.

• **Marsúpio e mamas**: com marsúpio, possuindo 7 mamas (Voss & Jansa 2009).

• **Distribuição no Brasil**: parte dos estados do Amapá, Amazonas, Pará e Roraima (Modificado de Patton & da Silva 2008).

• Gênero *Philander* Brisson, 1762

Família Didelphidae, Subfamília Didelphinae Gray, 1821
Espécies no Brasil: *Philander andersoni, Philander canus, Philander mcilhennyi, Philander opossum, Philander pebas* e *Philander quica*

Philander pebas Voss, Díaz-Nieto & Jansa 2018

Figura 59. Distribuição geográfica de *Philander pebas* no Brasil.

• **Descrição**: tamanho grande, com a cauda pouco maior do que o comprimento cabeça-corpo. Pelagem dorsal muito curta, espessa e macia em todo o corpo. Coloração dorsal uniformemente acinzentada, podendo ser mais clara nas laterais, mas nunca com faixa mediana definida, coloração ventral creme-esbranquiçada de base acinzentada. Possuem pelos grisalhos-acinzentados atrás das orelhas, às vezes, muito escuros, mas nunca claros, mancha pré auricular pálida ausente ou indistinta. Cauda preênsil, parte escamosa da cauda geralmente <1/4 branca distalmente.
• **Medidas**: sem informações.

Táxon	CC	CA	MC
P. pebas	-	-	-

• **Hábito e habitat**: sem informações.
• **Informações cranianas**: cíngulo labial de P3 completo, esmalte lingual de protocone crenulado quando jovem, pré e pós cíngulo nos molares superiores presente.
• **Marsúpio e mamas**: com marsúpio. Fórmula mamária desconhecida, mas, no gênero, geralmente, as fêmeas possuem 5 ou 7 mamas (Voss & Jansa 2009).
• **Distribuição no Brasil**: em parte dos estados do Acre, Amazônia e pequena parte do Pará (Modificado de Voss *et al.* 2018).

• Gênero *Philander* Brisson, 1762

Família Didelphidae, Subfamília Didelphinae Gray, 1821
Espécies no Brasil: *Philander andersoni, Philander canus, Philander mcilhennyi, Philander opossum, Philander pebas* e *Philander quica*

Philander quica (Temminck, 1824)

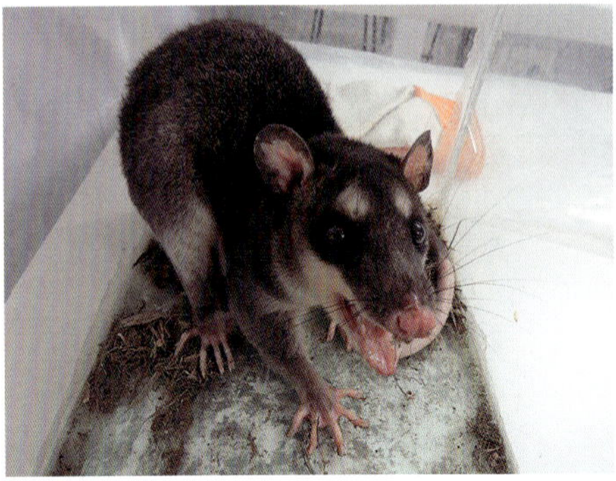

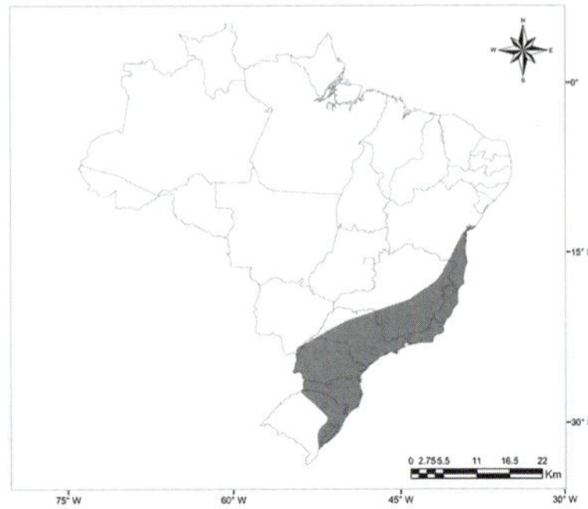

Figura 60. Foto e distribuição geográfica de *Philander quica* no Brasil (Foto: Michel Faria).

• **Descrição**: tamanho grande, com a cauda pouco maior do que o comprimento cabeça-corpo. Pelagem curta, espessa e macia em todo o corpo. Coloração dorsal cinza, sem faixa mediana e com limite pouco definido com a coloração ventral creme-esbranquiçada. Possui machas supraoculares de pelos creme-alaranjados arredondadas, pequenas, e pouco definidas. Não possuem pelos amarelos atrás das orelhas, como *P. opossum*. Cauda preênsil, coberta com pelos na parte basal (20% a 25%), com o restante da cauda nua e preta, despigmentada da porção distal (1/2 a 1/3).

• **Medidas**: presente estudo.

Táxon	CC (n=5)	CA (n=5)	MC (n=5)
P. quica	266 (225-332)	299 (274-341)	430 (260-750)

• **Hábito e habitat**: noturno, solitário e onívoro, incluindo frutos, invertebrados e pequenos vertebrados em sua dieta (Raíces & Bergallo 2012). Utiliza, principalmente, o solo e o sub-bosque, ocorrendo, eventualmente, no sub-dossel ou dossel (Vieira & Camargo 2012). Habita a Mata Atlântica. Já foi encontrado nas florestas de Araucária do sul do Brasil (Ribeiro & Vieira 2012). É uma espécie com ampla distribuição, ocorrendo em vegetação conservada e alterada, sendo comum e abundante (Bonvicino *et al.* 2002).

• **Informações cranianas**: região posterior do nasal longa e com a extremidade posterior fortemente afilada, forame rotundo alinhado à margem posterior da fissura esfenorbital e cíngulo labial de P3 incompleto, esmalte lingual de protocone liso, pré e pós-cíngulo dos molares superiores ausente, cíngulo labial de P3 é incompleto, estendendo-se apenas ao longo da parte posterior do dente.

• **Marsúpio e mamas**: marsúpio presente, abrindo anteriormente. Número de mamas varia de 5 a 7 (Voss & Jansa 2009).

• **Distribuição no Brasil**: estados do Espírito Santo, Paraná, Rio de Janeiro e Santa Catarina, e em parte dos estados da Bahia, Minas Gerais, Rio Grande do Sul e São Paulo (Modificado de Patton & Silva 2008, as *Philander frenatus*).

• Gênero *Thylamys* Gray, 1843

Família Didelphidae, Subfamília Didelphinae Gray, 1821
Espécies no Brasil: *Thylamys karimii, Thylamys macrurus* e *Thylamys velutinus*

Thylamys karimii (Petter, 1968)

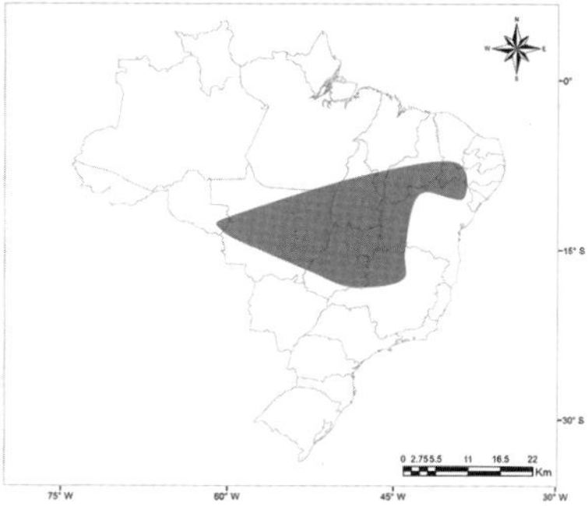

Figura 61. Foto e distribuição geográfica de *Thylamys karimii* no Brasil (Foto: Michel Faria).

• **Descrição**: tamanho pequeno, com a cauda igual ou maior do que o comprimento cabeça-corpo. Pelagem macia. Coloração dorsal castanho-acinzentada, pouco conspícua, com limite bem definido com a coloração ventral totalmente branca. Anel estreito de pelos escuros pouco evidentes ao redor dos olhos. Patas anteriores e posteriores com dedos curtos, com garras longas ultrapassando as almofadas digitais. Superfície palmar e plantar coberta por grânulos pequenos, dermatóglifos ausentes com almofadas fundidas. Cauda entumecida devido ao depósito de gordura, porção preênsil pouco desenvolvida e fracamente bicolor.

• **Medidas**: retiradas de Carmignotto & Monfort (2006).

Táxon	CC (n=33)	CA (n=33)	MC (n=33)
T. karimii	104 (78-129)	80 (69-106)	28 (16-43)

• **Hábito e hábitat**: noturno e terrestre. Habita áreas de formação vegetais abertas dos biomas Cerrado (campo limpo, campo sujo, campo cerrado, cerrado *sensu stricto*) e Caatinga (Carmignotto & Monfort 2006, Bonvicino *et al.* 2012).

• **Informações cranianas**: largura do nasal após a sutura maxilar-frontal estreita e conspícua, crista supra orbital arredondada e pouco desenvolvida, forame posterolateral ultrapassa o M4.

• **Marsúpio e mamas**: fêmeas sem marsúpio, nove mamas dispostas em círculo na região abdominal (Carmignotto & Monfort 2006).

• **Distribuição no Brasil**: Distrito Federal e em parte dos estados da Bahia, Ceará, Goiás, Mato Grosso, Minas Gerais, Pernambuco, Piauí, Rondônia e Tocantins (Modificado de Carmignotto & Monfort 2006).

• Gênero *Thylamys* Gray, 1843

Família Didelphidae, Subfamília Didelphinae Gray, 1821
Espécies no Brasil: *Thylamys karimii, Thylamys macrurus* e *Thylamys velutinus*

Thylamys macrurus (Olfers, 1818)

Figura 62. Foto e distribuição geográfica de *Thylamys macrurus* no Brasil (Foto: A.P. Carmignotto em Voss *et al.* 2009).

• **Descrição**: tamanho pequeno, com a cauda igual, ou maior do que o comprimento cabeça-corpo. Pelagem macia. Coloração dorsal acinzentada, com limite bem definido com a coloração ventral totalmente branca. Anel estreito de pelos escuros pouco evidentes ao redor dos olhos. Patas anteriores e posteriores com dedos longos, com garras curtas que não ultrapassam as almofadas digitais. Superfície palmar e plantar coberta por grânulos grandes, dermatóglifos grandes com almofadas separadas. Cauda entumecida, devido ao depósito de gordura, porção preênsil desenvolvida e extremidade esbranquiçada.
• **Medidas**: retiradas de Carmignotto & Monfort (2006).

Táxon	CC (n=6)	CA (n=6)	MC (n=6)
T. macrurus	112 (101-126)	144 (136-153)	39 (30-55)

• **Hábito e habitat**: crepuscular e escansorial (Cáceres *et al.* 2007). Habita áreas de cerrado *sensu stricto*, cerradão, floresta estacional decidual e semidecidual no bioma Cerrado e Pantanal, tendo sido capturadas em armadilhas no solo (Carmignotto & Monfort 2006, Cáceres *et al.* 2012).
• **Informações cranianas**: largura do nasal após a sutura maxilar-frontal sem estreitamento, crista supra orbital desenvolvida e, geralmente, com processo pós orbitais, forame posterolateral não ultrapassa M4.
• **Marsúpio e mamas**: sem marsúpio.
• **Distribuição no Brasil**: em parte do estado do Mato Grosso do Sul (Modificado de Carmignotto & Monfort 2006).

• Gênero *Thylamys* Gray, 1843

Família Didelphidae, Subfamília Didelphinae Gray, 1821
Espécies no Brasil: *Thylamys karimii, Thylamys macrurus* e *Thylamys velutinus*

Thylamys velutinus (Wagner, 1842)

Figura 63. Foto e distribuição geográfica de *Thylamys velutinus* no Brasil (Foto: Paola S. da Mata).

• **Descrição**: tamanho pequeno, com a cauda igual, ou maior do que o comprimento cabeça-corpo. Pelagem fina, longa e macia. Coloração dorsal castanho-avermelhada, com limite pouco definido com a coloração ventral acinzentada, com pelos de base cinza, exceto na região da garganta onde são creme-esbranquiçados. Anel estreito de pelos escuros pouco evidentes ao redor dos olhos. Patas anteriores e posteriores com dedos curtos, com garras longas ultrapassando as almofadas digitais. Superfície palmar e plantar coberta por grânulos e dermatóglifos pequenos com almofadas fundidas. Cauda entumecida devido ao depósito de gordura, porção preênsil pouco desenvolvida e fracamente bicolor.

• **Medidas**: retiradas de Carmignotto & Monfort (2006).

Táxon	CC (n=7)	CA (n=7)	MC (n=3)
T. velutinus	79-110	65-91	13-35,9

• **Hábito e habitat**: noturno e insetívoro-onívoro, alimentando-se, principalmente, de artrópodes. Espécie essencialmente terrícola (Vieira & Camargo 2012). Habita formações vegetais abertas do bioma Cerrado como cerrado *sensu stricto* (Vieira & Palma 1996), campo sujo (Carmignotto & Monfort 2000), e campo úmido (Bonvicino *et al.* 2005).

• **Informações cranianas**: largura do nasal após a sutura maxilar-frontal sem estreitamento ou com estreitamento pouco conspícuo, crista supra orbital ausente, forame posterolateral raramente ultrapassa M4.

• **Marsúpio e mamas**: sem marsúpio.

• **Distribuição no Brasil**: Distrito Federal, e em parte dos estados da Bahia, Goiás, Minas Gerais e São Paulo (Bonvicino & Bezerra 2003, Carmignotto & Monfort 2006).

Didelphis albiventris
Foto: Paola S. da Mata

• Referências

Abreu Junior EF, PGG Brennand, AR Percequillo. 2017. Diversidade de Mamíferos do baixo rio Jufari. Papéis Avulsos de Zoologia 57: 37-55.

Abreu Junior EF, MA Freitas, MJ Lapenta, NM Venancio, DPF Franca, AR Percequillo. 2016. Marsupials and rodents (Didelphimorphia and Rodentia) of upper Rio Acre, with new data on *Oxymycterus inca* Thomas, 1900 from Brazil. Check List 12: 1-16.

Almeida-Santos SM, MM Antoniazzi, OA Sant'anna, C Jared. 2000. Predation by the Opossum *Didelphis marsupialis* on the Rattlesnake *Crotalus durissus*. Current Herpetology 19(1): 1-9.

Ardente N, D Gettinger, R Fonseca, HG Bergallo, F Martins-Hatano. 2013. Mammalia, Didelphimorphia, Didelphidae, *Glironia venusta* Thomas, 1912 and *Chironectes minimus* (Zimmermann, 1780): Distribution extension for eastern Amazonia. Check List 9(5): 1104-1107.

Barbosa JL, RJ Custódio, MV Brandão. 2016. Rediscovery and range extension of the black-shouldered opossum *Caluromysiops irrupta* Sanborn, 1951 (Didelphimorphia, Didelphidae) in Brazil. Mammalia 80: 325-328.

Barkley LJ. 2008. Genus *Glironia* O. Thomas, 1912. In: AL Gardner (ed). Mammals of South America, vol.1, Marsupials, xenarthrans, shrews, and bats, Chicago: Chicago University Press. pp 12-14.

Bezerra AMR, CR Bonvicino, FP Caramaschi, R Castiglia. 2019. Discovery of the rare Handley´s short tailed opossum, *Monodelphis handleyi*, in the threatened southern Amazonian savanna of Brazil. Mammalian Biology 97: 28-35.

Bonvicino CR and AM Bezerra, 2003. Use of regurgited pellets of barn owl (*Tyto alba*) for inventorying small mammals in the Cerrado of Central Brazil. Studies on Neotropical Fauna and Environment, vol. 38, no. 1, p.1-5.

Bonvicino CR, SM Lindbergh, MF Barros, AMR Bezerra. 2012. The Eastern boundary of the Brazilian Cerrado: a hotspot region. Zoological Studies 51(7): 1207-1218.

Bonvicino CR, B Lemos, M Weksler. 2005. Small mammals of Chapada dos Veadeiros National Park (Cerrado of central Brazil). Ecologic, karyologic and taxonomic considerations. Brazilian Journal of Biology 65(3): 395-406.

Bonvicino CR, SM Lindbergh, LS Maroja. 2002. Small Non-Flying Mammal from conserved and altered areas of Atlantic Forest and Cerrado: comments on their potential use for monitoring environment. Brazilian Journal of Biology 62(4B): 765-774.

Brandão MV, RV Rossi, TF Semedo, SE Pavan. 2015. Diagnose e distribuição geográfica dos marsupiais da Amazônia brasileira. In: ACM Oliveira, CL Miranda (Org). Os Pequenos Mamíferos Não-Voadores da Amazônia Brasileira, 1ed, Rio de Janeiro: Sociedade Brasileira de Mastozoologia.

Brandão MV, GST Garbino, LP Godoy, LA da Silva, W Pascoal. 2015. New records of *Chironectes minimus* (Zimmermann, 1870) (Didelphimorphia, Didelphidae) from central Brazil, with comments on its distribution pattern. Mammalia 79(3): 363-368.

Brandão MV, PA da Rocha, SP Dantas, W Pascoal. 2014. New records of the elusive marsupial *Gracilinanus emiliae* (Didelphimorphia, Didelphidae) from the Brazilian amazon basin and a range extension for the species. Mastozoología Neotropical 21(2): 325-330.

Brito J, G Pozo-Zamora. 2015. Ampliación del rango altitudinal de *Marmosa lepida* (Thomas, 1888) (Didelphimorphia: Didelphidae) en el sureste de Ecuador. Graellsia 71(2): e032.

Cáceres NC, J Sponchiado, F Della-Flora, GL Melo. 2012. Efeitos da conservação e da distância geográfica sobre comunidade de pequenos mamíferos do Cerrado e Pantanal do oeste do Brasil. In: TRO de Freitas, EM Vieira (eds). Mamíferos do Brasil: genética, sistemática, ecologia e conservação, vol.II, SBMz, Rio de Janeiro. pp 10-18.

Cáceres NC, RP Napoli, WH Lopes, J Casella, GS Gazeta. 2007. Natural history of the marsupial *Thylamys macrurus* (Mammalia, Didelphidae) in fragments of savannah in southwestern Brazil. Journal of Natural History 41: 1979-1988.

Cáceres NC, AP Carmignotto. 2006. *Caluromys lanatus*. Mammalian Species 803: 1-6.

Caramaschi FP, A Junqueira, CR Bonvicino. 2013. The geographic distribution of *Didelphis imperfecta* (*Marsupialia*: *Didelphimorphia*): an endemic species to the Guiana Shield, Eastern Amazonia. Boletim da Sociedade Brasileira de Mastozoologia 68: 65-67.

Carmignotto AP, T Monfort. 2006. Taxonomy and distribution of the Brazilian species of *Thylamys* (Didelphimorphia, Didelphidae). Mammalia 70(1-2): 126-144.

Carmignotto AP. 1999. Pequenos mamíferos terrestres do Cerrado (Rodentia, Didelphimorphia): seleção de habitats, áreas de vida e padrões direcionais de deslocamento. Dissertação de mestrado, Museu Nacional, UFRJ, Rio de Janeiro. 239 p.

Castilheiro WFF, M dos Santos Filho. 2013. Diet of *Monodelphis glirina* (Mammalia: Didelphidae) in forest fragments in southern Amazon. Zoologia 30(3): doi: 10.1590/S1984-46702013000300001.

Catzeflis F. 2018. *Hyladelphys kalinowskii* in French Guiana: new observations and first notes on its nesting biology. Mammalia 82(5). Doi: 10.1515/mammalia-2017-0107

Cerqueira R, CJ Tribe. 2008 (2007). Genus *Didelphis Linnaeus,* 1758. In: AL Gardner (ed). Mammals of South America, vol.1, Marsupials, xenarthrans, shrews, and bats, Chicago: Chicago University Press. pp 17-25.

Creighton GK, AL Gardner. 2008 (2007). Genus *Gracilinanus* Gardner & Creighton 1989. In: AL Gardner (ed). Mammals of South America, vol.1, Marsupials, xenarthrans, shrews, and bats, Chicago: Chicago University Press. pp 43-50.

De la Sancha NU, G D'Elía, P Teta. 2012 (2011). Systematics of the subgenus of mouse opossums *Marmosa* (*Micoureus*) (Didelphimorphia, Didelphidae) with noteworthy records from Paraguay. Mammalian Biology 77(4): 229-236.

Delciellos AC, MC Viana, M Aguieiras, F Chiaradia, DA Gaspar. 2016. First record of genus *Cryptonanus* (Didelphimorphia) in the state of Rio de Janeiro, Brazil. Check List 12(1): 18-27.

Dias DC, C Fonseca, JJ Cherem, ME Graipel, AU Christoff, RG Rocha. 2016. New records of *Cryptonanus guahybae* (Tate, 1931) in southern Brazil inferred from molecular and morphological data. Mammalia 80(2). doi:10.1515/mammalia-2014-0071

Díaz-Nieto JF, RS Voss. 2016. A revision of the didelphid marsupial genus *Marmosops*, part 1. species of the subgenus *Sciophanes*. Bulletin of the American Museum of Natural History 40: 1-70.

Díaz-Nieto JF, SA Jansa, RS Voss. 2016. DNA sequencing reveals unexpected recent diversity and an ancient dichotomy in the American marsupial genus *Marmosops* (*Didelphid: Thylamyini*). Zoological Journal of the Linnean Society 176: 914-940.

Faria MB, FR Melo. 2017. *Didelphis imperfecta,* Didelphimorphia, Didelphidae (*Mondolfi*, Pérez-Hernández, 1984): a new record in the Brazilian Amazon. Boletim da Sociedade Brasileira de Mastozoologia 79: 44-46.

Flores DA, RM Barquez, M Diaz. 2008. A new species of *Philander* Brisson, 1762 (Didelphimorphia, Didelphidae). Mammalian Biology 73(1): 14-24.

Gardner AL. 2008 (2007)a. American marsupials. In: AL Gardner (ed). Mammals of South America vol.1, Marsupials, xenarthrans, shrews, and bats, Chicago: Chicago University Press. pp 1-11.

Gardner AL. 2008 (2007)b. Genus *Hyladelphys* Voss, Lund & Simmons, 2001. In: AL Gardner (ed). Mammals of South America, vol.1, Marsupials, xenarthrans, shrews, and bats, Chicago: Chicago University Press. pp 50.

Gardner AL, GK Creighton. 2008 (2007). Genus *Marmosops* Matschie, 1916. In: AL Gardner (ed). Mammals of South America, vol.1, Marsupials, xenarthrans, shrews, and bats, Chicago: Chicago University Press. pp 61-74.

Gardner AL, M Dagosto. 2008 (2007). Tribe Metachirini Reig, Kirsch, and Marshall, 1985. In; AL Gardner (ed). Mammals of South America, vol.1, Marsupials, xenarthrans, shrews, and bats, Chicago: Chicago University Press. pp 35-39.

Guimarães RR, AC Loss, LP Costa. 2018. New records of the rare little rufous mouse opossum, *Marmosa lepida* (Thomas, 1888) (Mammalia, Didelphidae) in southeastern Amazonia, Brazil. Check List 14(1): 113-119.

Gurgel-Filho NM, A Feijó, A Langguth. 2015. Pequenos mamíferos do Ceará (marsupiais, morcegos e roedores sigmodontineos) com discussão taxonômica de algumas espécies. Revista Nordestina de Biologia 23(2): 3-151.

Gutiérrez EE, PJ Soriano, RV Rossi, JJ Murillo, J Ochoa-G, M Aguilera. 2011. Occurrence of *Marmosa waterhousei* in the Venezuelan Andes, with comments on its biogeographic significance. Mammalia 75(2011): 381-386.

Hunsaker D. 1977. The biology of marsupials. Academic Press, New York, p. 157. Izor RJ, RH Pine. 1987. Notes on the Black-shouldered opossum, *Caluromysiops irrupta.* Fieldiana: Zoology 39: 117-124.

Lange RB, E Jablonski. 1998. Mammalia do estado do Paraná - Marsupialia. Estudos de Biologia, Curitiba 43: 15-224.

Leiner N, EF Setz, S Wesley. 2008. Semelparity and Factors Affecting the Reproductive Activity of the Brazilian Slender Opossum (*Marmosops paulensis*) in Southeastern Brazil. Journal of Mammalogy 89(1): 153-158.

Lessa LG, FN da Costa. 2010. Diet and seed dispersal by five marsupials (Didelphimorphia: Didelphidae) in a Brazilian Cerrado reserve. Mammalian Biology 75(1): 10-16.

Lira PK, FAS Fernandez, HSA Carlos, PL Curzio. 2007. Use of a fragmented landscape by three species of opossum in south-eastern Brazil. Journal of Tropical Ecology 23(4): 427-435.

Lóss S, LP Costa, YLR Leite. 2011. Geographic variation, phylogeny and systematic status of *Gracilinanus microtarsus* (Mammalia: Didelphimorphia: Didelphidae). Zootaxa 2761: 1-33, doi: 10.5281/zenodo.203788

Macrini TE. 2004. *Monodelphis domestica.* Mammalian Species 760: 1-8.

Martins EG, V Bonato, HP Pinheiro, SF dos Reis. 2006. Diet of the gracile mouse opossum (*Gracilinanus microtarsus*) (Didelphimorphia: Didelphidae) in a Brazilian Cerrado: patterns of food consumption and intrapopulation variation. Journal of Zoology 269(1): 21-28.

Mendes-Oliveira AC, MGM Lima, M dos Santos-Filho, RCS de Lima. 2015. Estrutura de comunidade de pequenos mamiferos não voadores na Amazônia, cap.7. In: AC Mendes-Oliveira, CL Miranda (org). Pequenos mamíferos não-voadores da Amazônia brasileira, Sociedade Brasileira de Mastozoologia, Série Livros 2. pp 213-256.

Melo GL, J Sponchiado. 2012. Distribuição geográfica dos marsupiais no Brasil. In. N.C. Cáceres org. Os marsupiais do Brasil: biologia, ecologia e conservação. 2rd ed. Vol. II. Editora UFMS, Campo Grande, Brazil. pp. 93-110.

Miranda CL, RV Rossi, J de S e Silva Júnior, MGM Lima, MPD Santos. 2009. Mammalia, Didelphimorphia, Didelphidae, *Metachirus nudicaudatus*, Municipality of José de Freitas, State of Piauí, Northeastern Brazil: Distribution extension. Check List 5(2): 360-363.

Mustrangi MA, JL Patton. 1997. Phylogeography and systematics of the slender mouse opossum *Marmosops* (Marsupialia, Didelphidae). University of California Publications in Zoology 130: 1-86.

Nascimento DC, APM Olímpio, E Conceição, BATP Campos, E Fraga, MC Barros. 2015. Phylogeny of *Marmosops* and the occurrence of *Marmosops pinheiroi* (Pine, 1981) (Didelphimorphia, Didelphidae) in the Cerrado savanna of Maranhão, Brazil. Genetics and Molecular Research 14: 304-313.

Nogueira JC, ACS Castro, EVC Câmara, BGO Câmara. 2004. Morphology of the Male Genital system of *Chironectes minimus* and Comparison to other didelphid marsupials. Journal of Mammalogy 85(5): 834-841.

Nowak RM, JL Paradiso. 1983. Walker's mammals of the world, 4th edition, The John Hopkins University Press, Baltimore and London. 1362 p.

Oliveira FF. 2003 Pequenos mamíferos (Didelphimorphia e Rodentia) da Paraíba e Pernambuco. Dissertação de Mestrado, UFPB, João Pessoa. 88 p.

Patton J, MNF da Silva. 2008. Genus *Philander* Brisson, 1762. In: AL Gardner (ed). Mammals of South America, vol.1, Marsupials, xenarthrans, shrews, and bats, Chicago: Chicago University Press.

Patton JL, MNF da Silva, JR Malcolm. 2000. Mammals of the Rio Juruá and the evolutionary and ecological diversification of Amazonia. Bulletin of the American Museum of Natural History 244: 1-306.

Pavan S. 2019.A revision of the *Monodelphis glirina* group (Didelphidae: Marmosini), with a description of a new species from Roraima, Brazil, Journal of Mammalogy 100: 103-117.

Pavan SE, AC Mendes-Oliveira, RS Voss. 2017. A New Species of *Monodelphis* (Didelphimorphia: Didelphidae) from the Brazilian Amazon. American Museum Novitates 3872: 1-20

Pavan ES, RS Voss. 2016. A revised sub generic classification of short-tailed opossums (Didelphidae: *Monodelphis*). American Museum Novitates 3868: 1-44.

Pavan SE. 2015. A new species of *Monodelphis* (Didelphimorphia: Didelphidae) from the Brazilian Atlantic Forest. American Museum Novitates 3832: 1-15.

Pavan SE, SA Jansa, RS Voss. 2014. Molecular phylogeny of short-tailed opossums (Didelphidae: *Monodelphis*): Taxonomic implications and tests of evolutionary hypotheses. Molecular Phylogenetics and Evolution 79: 199-214.

Pavan E, RV Rossi, H Schneider. 2012. Species diversity in the *Monodelphis brevicaudata* complex (Didelphimorphia: Didelphidae) inferred from molecular and morphological data, with the description of a new species. Zoological Journal of the Linnean Society 165: 190-223.

Pine RH, DA Flores, K Bauer. 2013. The second known specimen of *Monodelphis unistriata* (Wagner) (Mammalia: Didelphimorphia), with redescription of the species and phylogenetic analysis. Zootaxa 3640 (3): 425-441. http://dx.doi.org/10.11646/zootaxa.3640.3.6

Pine RH, CO Handley Jr. 2008 (2007). Genus *Monodelphis* Burnett, 1830. In: AL Gardner (ed). Mammals of South America, vol.1, Marsupials, xenarthrans, shrews, and bats. Chicago: Chicago University Press. pp 82-107.

Quintela FM, MB Santos, A Gava, AU Christoff. 2011. Notas sobre morfologia, distribuição geográfica, história natural e citogenética de *Cryptonanus guahybae* (Didelphimorphia: Didelphidae). Mastozoología Neotropical 18(2): 247-257.

Raíces DSL, HG Bergallo. 2012. Composição da dieta dos marsupiais do parque Nacional da Restinga de Jurubatiba, RJ. In: TRO de Freitas, EM Vieira (eds). Mamíferos do Brasil: genética, sistemática, ecologia e conservação, vol.II, SBMz, Rio de Janeiro. pp 97-108.

Ramos VN. 2007. Ecologia alimentar de pequenos mamíferos de áreas de Cerrado do Sudeste do Brasil. Dissertação de Mestrado. Universidade Federal de Uberlândia, Uberlândia. 68 p.

Ribeiro JF, EM Vieira. 2012. Os mamíferos e a floresta com Araucária brasileira: riqueza de espécies e relevância para a conservação. In: TRO de Freitas, EM Vieira (eds). Mamíferos do Brasil: genética, sistemática, ecologia e conservação, vol.II, SBMz, Rio de Janeiro. pp 165-176.

Rocha RG, J Justino, YLR Leite, LP Costa. 2015. DNA from owl pellet bones uncovers hidden Biodiversity. Systematics and Biodiversity 13: 403-412.

Rocha PA, J Ruiz-Esparza, R Beltrão-mendes, AZ da Cunha, JA Feijó, SF Ferrari. 2012. Expansion of the known range of *Marmosops incanus* (Mammalia, Didelphimorphia, Didelphinae) to the right bank of the São Francisco River in north-east Brazil. Mammalia doi: 10.15151/ m1mm1li1-2012-0031.

Rossi RV, CL Miranda, TBF Semedo. 2016. Rapid assessment of nonvolant mammals in seven sites in the northern State of Pará, Brazil: a forgotten part of the Guiana Region. Mammalia 81: 465-487.

Rossi RV, MV Brandão, AP Carmignotto, CL Miranda, JJ Cherem. 2012. Diversidade morfológica e taonômica de marsupiais didelfídeos, com ênfase nas espécies brasileiras. In: Cáceres NC (ed.). Os Masupiais do Brasil. 2ª edição. UFMS, Campo Grande, Mato Grosso do Sul, Brasil. Pp. 23-72.

Rossi VR, VG Bianconi, AP Carmignotto, CL Miranda. 2010. Ordem Didelphimorphia. In: Reis RN, LA Peracchi, AW Pedro, PI Lima (eds). Mamíferos do Brasil, Edifurb, Londrina, Brasil. pp 27-66.

Samoto VY, MA Miglino, CE Ambrósio, FTV Pereira; MC de Lima, AF de Carvalho. 2006. Opossum (*Didelphis* sp.) mammary gland morphology associated to the marsupial model. Biota Neotropica 6(2): bn01306022006.

Santori RT, D Astua, M Martins. 2016. An additional record of the rare black-shouldered opossum *Caluromysiops irrupta* Sanborn, 1951 (Didelphimorphia: Didelphidae) in Northwestern Brazil. Check List 12(3). doi: 10.15560/12.3.1890

Semedo TBF, MV Brandão, AP Carmignotto, MS Nunes, IP Farias, MNP Silva, RV Rossi, 2015. Taxonomic status and phylogenetic relationships of *Marmosa agilis peruana* Tate, 1931 (Didelphimorphia: Didelphidae) with comments on morphological variation of *Gracilinanus* from central-western Brazil. Zoological Journal of the Linnean Society 173: 190-216.

Semedo TBF, RV Rossi, TS Santos Junior. 2013. New records of spectacled slender opossum *Marmosops ocellatus* (Didelphimorphia, Didelphidae) with comments on its geographic distribution limits. Mammalia 77: 223-229

Silva LGL, DC Ferreira, RV Rossi. 2019. Species diversity of *Marmosa* subgenus *Micoureus* (Didelphimorphia, Didelphidae) and taxonomic evaluation of the white-bellied woolly mouse opossum, *Marmosa constantiae*. Zoological Journal of the Linnean Society, 187(1). 1-38.

Silva CR, ACM Martins, IJ de Castro, E Bernard, EM Cardoso, DS Lima, R Gregorin, RV Rossi, AR Percequillo, KC Castro. 2013. Mammals of Amapá state, eastern Brazilian Amazonia: revised taxonomic list with comments on species distributions. Mammalia 77(4): 409-424.

Silveira TB da, FR de Melo, JEP Lima. 2013. New field data on reproduction, diet, and activity of *Glironia venusta* Thomas, 1912 (Didelphimorphia, Didelphidae) in northern Brazil. Mammalia 2013: doi 10.1515/m1mm1li1-2013-0013

Smith P, RD Owen. 2016. *Marmosa constantiae* (Didelphimorphia: Didelphidae). Mammalian Species 48(941): 123-129.

Smith P. 2012. Brazilian gracile opossum *Gracilinanus microtarsus*. Fauna Paraguay Handbook of the Mammals of Paraguay 42: 1-12.

Smith P. 2009. Chaco mouse opossum *Cryptonanus chacoensis* (Tate, 1931). Fauna Paraguay Handbook of the Mammals of Paraguay 35:1-5.

Smith P. 2008a. Thick-tailed opossum *Lutreolina crassicaudata* (Desmarest, 1804). Fauna Paraguay Handbook of the Mammals of Paraguay 17: 1-38.

Smith P. 2008b. Brown four-eyed opossum *Metachirus nudicaudatus* (E. Geoffroy St-Hilaire, 1803). Fauna Paraguay Handbook of the Mammals of Paraguay 19: 1-9.

Solari S. 2017. New Species of *Monodelphis* (Didelphimorphia: Didelphidae) from Peru, with Notes on *M. adusta*. Journal of Mammalogy 88: 319-329.

Stein BR, JL Patton. 2008 (2007). Subfamily Didelphinae Gray, 1821, Tribe Didelphini Gray, 1821. In: AL Gardner (ed). Mammals of South America, vol.1, Marsupials, xenarthrans, shrews, and bats, Chicago: Chicago University Press. pp 14-17.

Stein BR, JL Patton. 2008. Genus *Lutreolina* O. Thomas, 1910. In: AL Gardner (ed). Mammals of South America, vol.1, Marsupials, xenarthrans, shrews, and bats, Chicago: Chicago University Press. pp 25-27.

Tate GHH. 1933. A systematic revision of the marsupial genus *Marmosa*, with a discussion of the adaptive radiation of the murine opossums (*Marmosa*). Bulletin of the American Museum of Natural History 66(1): 1-250.

Vieira EM, NF Camargo. 2012. Uso do espaço vertical por marsupiais brasileiros. In: NC Cáceres (ed). Os marsupiais do Brasil: biologia, ecologia e conservação, 2nd edição, Editora da UFMS.

Vieira EM, ART Palma. 1996. Natural history of *Thylamys velutinus* (Marsupialia, Didelphidae) in central Brazil. Mammalia 60: 481-484.

Voss R, DW Flecky, SA Jansa. 2019. Mammalian diversity and matses ethnomammalogy in a mazonian peru. Part 3: m ar supials (Didelphimorphia). Bulletin of the american museum of Natural history. Number 432, 87 pp

Voss RS, JF Díaz-Nieto, SA Jansa. 2018. A Revision of *Philander* (Marsupialia: Didelphidae), Part 1: *P. quica, P. canus*, and a New Species from Amazonia. American Museum Novitates 3891: 1-70.

Voss RS, DW Fleck, SA Jansa. 2009. On the diagnostic characters, ecogeographic distribution, and phylogenetic relationships of *Gracilinanus emiliae* (Didelphimorphia: Didelphidae: *Thylamyini*). Mastozoología Neotropical 16: 433-443.

Voss RS, SA Jansa. 2009. Phylogenetic relationships and classification of didelphid marsupials, an extant radiation of New World metatherian mammals. Bulletin of the American Museum of Natural History 322: 1-177.

Voss RS, DP Lunde, SA Jansa. 2005. On the contents of *Gracilinanus* Gardner and Creighton, 1989, with the description of a previously unrecognized clade of small didelphid marsupials. American Museum Novitates 3482: 1-34.

Voss RS, SA Jansa. 2003. Phylogenetic studies on didelphid marsupials II. Non-molecular data and new *IRBP* sequences: separate and combined analyses of didelphine relationships with denser taxon sampling. Bulletin of the American Museum of Natural History 276: 1-82.

Voss RS, T Tarifa, E Yensen. 2004. An Introduction to *Marmosops* (Marsupialia: Didelphidae), with the Description of a New Species from Bolivia and Notes on the Taxonomy and Distribution of Other Bolivian Forms. American Museum Novitates 3466: 1-40.

Voss RS, BK Lim, JF Díaz-Nieto, AS Jansa. 2013. A new species of *Marmosops* (*Marsupialia*, Didelphidae) from the Pakaraima Highlands of Guyana, with remarks on the origin of the endemic Pantepui mammal fauna. American Museum Novitates 3778: 1-27.

Voss RS, P Myers, F Catzeflis, AP Carmignotto, J Barreiro. 2009. Chapter 11. The Six Opossums of Félix de Azara: Identification, Taxonomic History, Neotype Designations, and Nomenclatural Recommendations. Bulletin of the American Museum of Natural History (331): 406-433. https://doi.org/10.1206/582-11.1